ちくま新書

遺伝人類学入門

——チンギス・ハンのＤＮＡは何を語るか

太田博樹
Oota Hiroki

遺伝人類学入門

――チンギス・ハンのＤＮＡは何を語るか【目次】

プロローグ——遺伝人類学とはなにか

この本の副題には「チンギス・ハンのＤＮＡ」と入っていますが、私は歴史学や世界史の専門家ではないので、チンギス・ハンその人の功績や人物像について詳しく知っているわけではありません。高校生の頃に読んだ小説『蒼《あお》き狼』（井上靖著、新潮文庫、一九五四年）でチンギス・ハンのことを知っているという程度です。

では本書では何を論じていくかというと、たとえばチンギス・ハンが属した集団、きっとそれはモンゴル帝国の母体となった今から一千年くらい前のモンゴル草原の遊牧民たちを含む人類集団だったでしょう、その集団の中でチンギス・ハンのＤＮＡがどのような変遷を辿って今アジア人集団の中に存在しているのか、という遺伝子の歴史について語ろうとしています。というか、チンギス・ハンの遺伝子をきっかけに、実際にはもっと広く人類全体の遺伝子の歴史について解説しようとしています。つまり遺伝子を基礎とした人類学について解説した本です。「人類学とは何か？」というと、これもまた私の手に余る難しい問いになりますが、ごく簡単に答えるとしたら、人類学とはヒトについて研究する生物学の一分野です。

私は北里大学の医学部の解剖学研究室に在籍しています。学部学生への教育として解剖学を教えていますが、研究者としては人類学の研究をしています。医学部に所属していますが医師ではありません。理学系の大学院で博士号を取ったPh.D.です。昔で言う「理学博士」、現在では「博士（理学）」と言います。医者ではないのに、なぜ医学部の解剖学研究室にいるのかというと、私を北里大学に引っ張ってくれた元教授・埴原恒彦《はにはらつねひこ》が解剖学者であると同時に人類学者だったからです。

埴原恒彦の父・埴原和郎《かずろう》は『骨を読む――ある人類学者の体験』（中公新書、１９６５年）、『日本人と日本文化の形成』（朝倉書店、１９９３年）などの著者・編者としても知られる人類学者です。私もこうした解剖学から派生した人類学に連なる学問をしています。

専門は人類学です、と言うとしばしば「文系ですか？」と訊かれますが、私の専門は理系の人類学です。人類学はもともと解剖学から派生した学問で、人骨などを比較して人類の系統や多様性を研究することから始まりました。少し斜に構えた言い方をすれば医者が趣味で始めた学問であると言えなくもありません。人類そのものの本質、変異、起源に関する研究が解剖学から独立した一つの学問分野となり、人類学（Anthropology）と呼ばれるようになりました。

１９６０年代、『悲しき熱帯』や『野生の思考』で知られるクロード・レヴィ＝ストロース（Claude Lévi-Strauss）が脚光を浴び、文化人類学（Cultural Anthropology）の研究者人口が増加したこともあり、日本ではこちらの系譜に連なる文系の人類学の方が広く知られています。単に「人類学」と言うと「文化人類学」を思い浮かべる人の方が圧倒的に多いのではないでしょうか。理系の人類学は自然人類学あるいは形質人類学（Physical Anthropology）と呼んで文系の人類学と区別しています。欧米では生物人類学（Biological Anthropology）と呼ぶ方が一般的です。ただ、本当は理系とか文系とか超えたところに人間は存在するので、こうした学問的なカテゴリーは、そもそもあまり意味がないのかもしれません。

自然人類学の長い歴史の中では、考古遺跡などから出土する過去に生きた人々の古い骨を計測したり、生きている人々の間で観察されるバリエーションを分析する研究がメインでした。今でもそうした研究は盛んに行われていますが、私は骨の形態ではなく遺伝子について研究しています。そして、自分の専門分野のことを遺伝人類学とか人類集団遺伝学と呼んでいます。この分野は、人類集団における遺伝子のバリエーションを研究する学問です。遺伝子のバリエーションは、人間の個性の生物学的な基礎になるものです。もちろん遺伝子だけで個性が決定づけられるわけではありませんが、現在さまざまな面白いことが分かってきています。

そこで、「チンギス・ハンのＤＮＡ」です。

近年、世界中の人類集団のＤＮＡのバリエーションについて、大規模な研究が数多くなされてきています。大規模の意味としては、研究対象とする人類集団の数や個体の数が大規模であるとともに、もっと最近ではゲノム網羅的な研究が増えて、扱う個々のデータそのものが大規模化しています。東アジアにおける遺伝子のバリエーションについての研究も盛んです。

そうした中、イギリスの研究グループが、ユーラシア大陸の特に中央アジアから東アジアにかけてチンギス・ハンのDNA、特に男性を決定する遺伝子が載っているY染色体について、チンギス・ハンの持っていたY染色体のタイプが爆発的に拡散しているという説を唱えました。このことはいったい何を意味しているのでしょうか。あなた、もしくはあなたの隣の男性がチンギス・ハンのDNAを引き継いでいるかもしれない、ということでしょうか。

この本では遺伝子の研究からそのような説に辿り着くまで、そのプロセスも含めて順を追って解説していきたいと思っています。

第1章では、高校で習う一般生物で登場する程度の分子生物学、分子遺伝学の知識をおさらいします。高校や大学でこれらを勉強した読者は、この部分は飛ばして先を読んでいただけたらと思います。また、この章では遺伝的多型について触れます。遺伝的多型については、高校や大学で習う生物学よりやや詳しく解説し、最近の新たな知見についても解説します。

第2章では、ホモ・サピエンスのアフリカ単一起源説、いわゆる「アウト・オブ・アフリカ」についてお話しします。章の前半は、化石人類から現在生きている人類まで、ざっくりと紹介し、遺伝子から見た人類進化についての入門になっています。後半は、ホモ・サピエンスがどのように誕生してきたか、遺伝子から得られた知見を中心にお話しします。

第3章では、DNAの配列データから系統樹を作成し、種《しゅ》や集団の分岐年代を推定する基本的な考え方について解説します。理系の大学生なら簡単に理解できる程度の内容ですが、もしかしたらやや難しいと感じる読者もいるかもしれません。そういう読者はこの章の前半はスキップしてもらって構いません。この章の後半では、ネアンデルタール人の古い骨から抽出したDNAの分析についても、その実験方法や解析結果について解説します。

第4章では、分子進化の中立理論について解説します。中立理論は、DNAのデータがどんどん出てきた時代に確立された生物進化を説明する理論です。中立理論を理解するために必要な突然変異、遺伝子頻度、遺伝的浮動などの基本用語を詳細に解説すると同時にチャールズ・ダーウィンの自然選択の考え方と対比して説明します。

第5章では、本書のキモにあたる話題、性によって偏る移動パターンについて話します。男性と女性では、社会的あるいは文化的要因で移動のパターンが異なる場合があります。女性の系統を反映するミトコンドリアDNAと男性の系統を反映するY染色体に注目し、遺伝子頻度の違いとして観察される現象について解説します。

第6章のタイトルは、本書のサブタイトルにもある「チンギス・ハンのDNA」です。東アジアの人類集団で観察されたミトコンドリアDNAとY染色体の遺伝子頻度パターンを説明する社会選択という概念を紹介します。また、分子生物学でもっとも一般的に普及している技術の1つPCR法について紹介し、PCR法を利用することによって1980年代に誕生した古代DNA分析について紹介します。

エピローグでは、集団遺伝学で使われる有効集団サイズという概念について解説します。最近の研究で指摘された西アジア、ヨーロッパで過去に経験した有効集団サイズの劇的な減少が、狩猟採集から農耕牧畜へと人類の生業形態が移行したことと関連するとする仮説について紹介します。

本書を手に取った方が、読み終えた後に〝理系〟とか〝文系〟とかいう区別が、特に人間を考える場合に意味をなさないことを感じていただけたら幸いです。それでは話を始めたいと思います。

第 1 章

ゲノム・遺伝子・DNA

イエール大学での研究室（著者撮影）

1　遺伝学用語の基礎知識

†遺伝子・染色体・DNA・ゲノムは区別すべき

この章は、ごく基本的な分子遺伝学の話から始めましょう。まず予備知識として、DNAに関連する用語について解説しておきたいと思います。

昨今、テレビなどで「遺伝子」「染色体」「DNA」「ゲノム」という言葉をよく耳にしますが、この4つの単語はわりと無造作に、ほとんど区別されないまま一緒くたに使われています。これはあまり望ましい事態ではありません。たとえば「巨人軍の遺伝子が引き継がれた」「走りのDNAが加速する」などといったように、キャッチーな表現として比喩的に使われることが少なくありませんが、たいていの場合は本来の意味から随分と逸脱しています。

「ゲノム」という言葉は「ある生物がその生物たりうるに必要な遺伝情報の総体」と定義できます。ヒトゲノムとは、ヒトという生物がヒトという生物たりうるに必要な遺伝情報の総体です。具体的にまだよく分かっていないところがあるため、ここでは総体というやや抽象的な言葉を使っています。

ゲノム科学は今もなお、進歩の途上にあります。遺伝子・ゲノムについての論文は量・スピードともにすさまじい勢いで発表されており、ゲノム科学の世界は怒濤《どとう》のごとく変化しています。最先端の研究をしている人間でも、その進歩に付いていくのが容易でないほどのスピード感で学問が進んでいます。この分野では絶対的な権威など存在している暇がないほどの速さです。

2014年に高校の教科書が改訂され、生物の領域が大幅に増えました。たまに中学・高校の先生方と話す機会があると、生物学の分野があまりにも変化が早い、そのうえに遺伝子についての記述も非常に多く、教育現場では非常に困っていると、口をそろえておっしゃいます。

たとえば数学・物理学・化学には非常に長い歴史があります。自然科学は数学→物理学→化学の順に発展してきたとも言われています。生物学については、博物学としての歴史を見ればこれらに負けず歴史がありますが、化学→生化学→分子生物学という系譜はまだ歴史が浅く、いまだ発展途上であるため、20世紀後半から21世紀初めにかけて知識が膨大に増えました。ヒトに関する生物学では、個々の人間に結びつけて知識を整理することも、専門の現場ですらまだ十分にできていません。中学・高校の教育現場が混乱するのも無理はありません。

私のベースには人類学があるため、なるべくヒトである自分自身に回帰し、今まさに進んでいることを考え直そうとしています。

†ゲノムとDNA

ゲノム（genome）という言葉は造語で、遺伝子を意味するgeneと全体を意味するome、あるいは染色体を意味するchromosomeが合体したものと言われています。日本ではローマ字読みするためゲノムとなりますが、英語の発音はジーノムです。

先ほどゲノムの定義についてお話しした際に「総体」という言葉を用いましたが、ゲノムは遺伝子の全体であるとは必ずしも言えません。ゲノム全体における遺伝子の数は約2万5000個と非常に限られており、さながら海に浮かぶ島のようにしか存在しません。陸地ではない海の部分はジャンクと言われ、なぜ遺伝子でない部分がそんなに膨大に存在するのか、完全には分かっていませんでした。最近はジャンクの部分にも何らかの意味がある場合があるということが徐々に分かってきています。

したがってゲノムとは遺伝子全体ではなく、遺伝情報そのものを含む総体であると定義せざるを得ません。未知のメカニズムがあり得るという予測も含め、ここでは総体という言葉を使いたいと思います。

ゲノムにはヒトゲノムもあればイヌゲノムもあります。イヌゲノムの中にはチワワゲノムもあれば、トイプードルゲノムもあります。さらに言えば、木村拓哉ゲノムや中居正広ゲノムもります。ゲノムとは個々人がその人たりうるために必要な遺伝子情報であり、それは今あなたの隣に座っている人とあなたとでは微妙に異なっています。

しかし日本列島、あるいはアジア地域に住んでいる人であれば、個々人が持つ遺伝情報はお互い似通っています。それどころか、地球上のあらゆる地域に住んでいるヒト同士の遺伝情報は極めて似通っています。一般的に地理的に近ければ遺伝情報も近い場合が多いです。

種《しゅ》が異なると遺伝情報も違ってきますが、チンパンジーやゴリラは私たちヒトに近い遺伝情報を持っています。近いけれども、ヒトとチンパンジーの間では子孫はできないのだから、何かが違っているはずです。ゲノムという情報から、そういった違いについて議論できるようになってきています。

†ゲノムはビッグデータ、DNAは物質

先ほども述べたようにゲノムは「ある生物がその生物たりうるに必要な遺伝情報の総体」です。別の言い方をすると、ゲノムとは私たちの身体の各細胞の核に格納されている、種や集団の歴史を記憶したビッグデータです。

DNAはデオキシリボ核酸という遺伝情報を載せた物質です。ゲノムという言葉を使う場合、遺伝情報の総体を指してそう呼んでいますが、DNAという言葉を使う場合、DNAは物質で

あるということに注意してください。DNAとは、ビッグデータたるゲノムを閉じ込める媒体で、物質であるため、取り出して見ることができます。私たち研究者は試験管の中からDNAを取り出します。DNAは日常生活のいたるところに転がっています。

子供が外で走り回って転んで、膝を擦《す》りむいた時、すぐに処置せずにしばらく放っておくと膿《うみ》が出てきます。その膿を指先で少しつつくと糸を引きますが、これがDNAです。擦りむいた傷口で、血液の成分である白血球が細菌など外部からの侵入者と戦って死んだものが膿ですが、指先でつついて糸を引くDNAは、白血球の細胞核が壊れて出てきたものです。純粋なDNAではなく、タンパク質などさまざまな物質と絡みついていますが、あの糸を引く感じには、DNAの特徴が表れています。また居酒屋などで出てくる白子は魚の精巣であり、精巣の中には精子が含まれ、精子はオスのゲノム半分を含んだものなので、箸でつつくと同じように糸を引きます。これもDNAです。

毛髪にもDNAがありますが、毛髪の場合はシャフト（毛幹部）ではなく毛根により多く含まれています。犯罪捜査等でDNA分析をする場合も、事件現場に犯人の毛根が残っているかどうかが大きなポイントになります。唾液にも、耳垢《みみあか》やそのほかの排泄物にもDNAが含まれています。

たとえば窃盗犯がどこかの家に盗みに入ったけれども、途中で便意を催したため、トイレで大便をして出てきたとします。このような場合には大便が捜査の決め手となり、犯人逮捕につながるでしょう。大便の大半はバクテリアの死骸ですが、腸内の細胞を引きずり出すようにして外に出てきます。そのため、腸の細胞から本人のDNAを取り出すことができるのです。

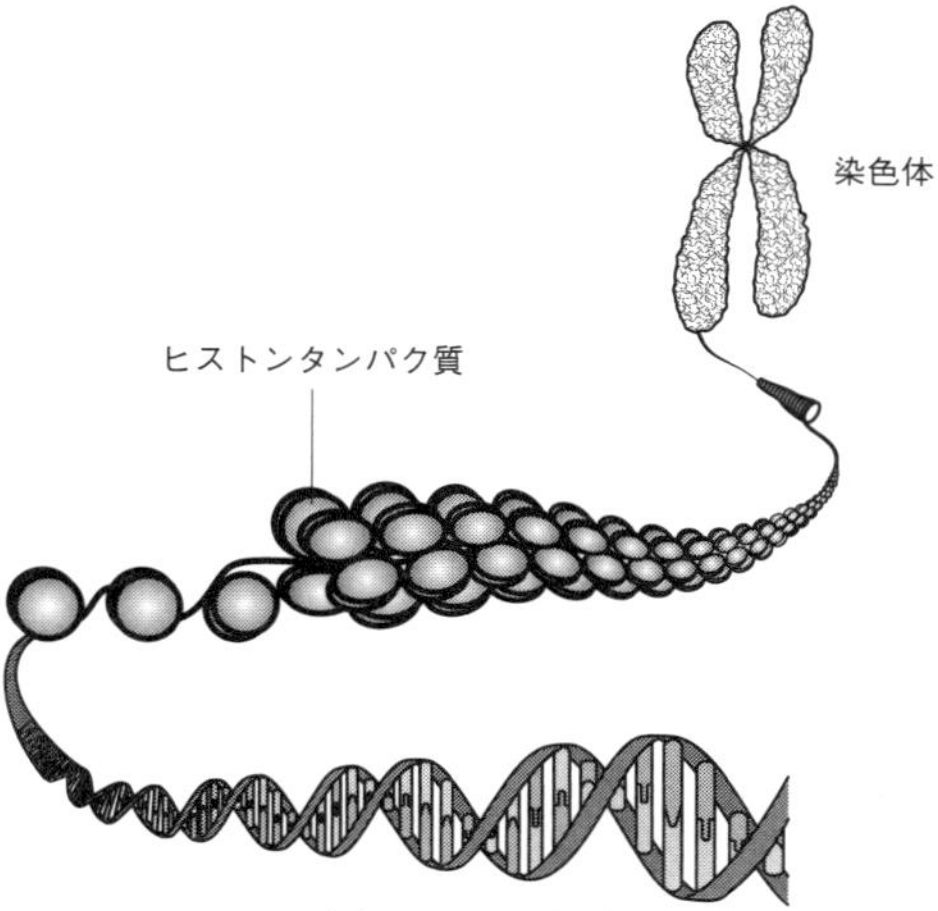

図1：染色体とDNAの構造

染色体と遺伝子

染色体とは、DNAがヒストンタンパク質というタンパク質の一種に絡まりつきながら折り畳まれた構造体です（図1）。DNAはコイル状で、細胞の核という部分（細胞核）の内部にヒストンに絡まりつきながら納まっています。このヒストンが絡みついて丸まったものが染色体です。輪ゴムをねじっていくと団子状になってきますが、あれと同じ感じをイメージしてください。

染色体は塩基性の色素で染まるため、

染色体と呼ばれます。メンデルの法則が発見される以前（19世紀）から、細胞の核の中に染まる物質があることは分かっていましたが、それがＤＮＡとヒストンの複合体であることが分かったのはもう少し後になってからです。

染色体が遺伝情報を載せた物質の塊であることがわかったのは20世紀になってからで、１９５０年代以降です。それまではＤＮＡには後述するようにＡ・Ｔ・Ｃ・Ｇの４つしか塩基がないので、これだけでは複雑な生命を形作るための遺伝情報を担う物質として不十分だろうと思われていました。

１９５２年のハーシーとチェイスの実験でＤＮＡが遺伝物質であることが証明されるまでは、遺伝物質はアミノ酸ではないかという見方も有力であったそうです。ＤＮＡが４種しかないのに対し、アミノ酸は20種を超えるので、複雑な生命現象の設計図としてふさわしいと考えられたのです。

†遺伝子は1つの情報の単位

ＤＮＡや染色体が具体的な物質であり、ゲノムが遺伝情報の総体だとお話ししてきましたが、それでは遺伝子とは何かというと、遺伝情報の最小単位です。従来は、１つのタンパク質のアミノ酸配列を伝える情報を持っているものが１つの遺伝子であるとされていました（一遺伝子一酵素説）。しかし現在では、遺伝子にはタンパク質のアミノ酸配列以外の情報も含まれている場合があり、たとえばＲＮＡ遺伝子（ノンコーディングＲＮＡ）の存在も明らかになって、さらに１つの遺伝子が複数のタンパク質の合成にかかわることが分かってきましたので、遺伝子という言葉の概念はもっと多様なものになってきました。

ここで重要なポイントは「遺伝情報の単位」という考え方です。一般に情報には読み枠があり、読み始めと読み終わりがあります。遺伝子もこれと同様の構造を持ち、まるで文字で書かれた文章のような構造になっています。遺伝子は１つの情報の単位として、さまざまな種類が存在します。たとえばＡＢＯ血液型を決定する遺伝子、お酒が飲めるかどうかを決定する遺伝子などが存在します。この２つの遺伝子については、後でまた触れます。

ここで染色体の図を見てみましょう（図１）。染色体はしばしばアルファベットのＸのような形状で示されますが、細胞の中で常にこのような形状で存在しているわけではなく、細胞周期のある特定の時期（分裂期）に観察されます。コイルをほどくような感じで染色体をほどいていくと、ＤＮＡの二重らせん構造が現れてきます。

この二重らせんは実際にほどけます。ほどけてそれぞれに自らの複製を作ります。細胞分裂の時にこの現象が起こり、細胞は２つに分かれます。

二倍体（第４章で少し詳しく説明します）の生物では、生殖細胞のもとになる細胞の場合、自らの複製を作った細胞が2回分裂をするので、できあがる生殖細胞には、体細胞（生殖細胞ではない細胞）の半分のDNAが含まれることになります。この生殖細胞特有の分裂様式のことを減数分裂と呼びます。ヒトは二倍体の生物です。

二倍体の生物に限らず、地球上の全ての生物で「二重らせんがほどけて複製を作る」という営みがなされており、子孫を作るメカニズムの基本になっています。自らの複製を作る、すなわち自己複製と生殖細胞を作る減数分裂が、まさに生命の連続性を生み出していると言えます。DNAが二重らせんの構造を持つことは非常に大きな意味を持っているのです。

†二重らせんと塩基

先ほど、デオキシリボ核酸（DNA）は遺伝情報を載せた物質である、と述べました。1953年、ワトソンとクリックがDNAの二重らせん構造を提唱しました。当時ワトソンは20代で、今なお健在です。

ニューヨーク近郊のコールド・スプリング・ハーバー研究所で開かれた学会に私が参加した当時、ワトソンはこの研究所の所長をしていました。私が発表する時に最前列に座って聴いていて、非常に感激しました。

コールド・スプリング・ハーバー研究所には、二重らせんをかたどったオブジェが置かれています。DNAの二重らせんは、非常に端正なフォルムを持ちます。デオキシリボ核酸は、デオキシリボースという糖にリン酸がくっついて、そのリン酸を介して次のデオキシリボースがくっついて、……という具合に鎖状になっており、そのリン酸を介して鎖になっている側と反対側の部分に下記の塩基がくっついたものです。

A・T・C・Gは「4つの文字」と比喩的に表現されますが、これらは塩基という物質です。それぞれ、A（アデニン）・T（チミン）・C（シトシン）・G（グアニン）の4種類です。細胞中にはデオキシリボ核酸（DNA）ともう1つの核酸であるリボ核酸（RNA）があります。RNAの方は、デオキシリボースの代わりにリボースという糖がリン酸を介して鎖状になっています。核酸はC（炭素）原子やH（水素）原子が構成要素なので、デオキシリボースとはリボースから「デ（落ちる）」「オキシ（酸素）」つまり酸素が1つ落ちた糖という意味です。RNAでも鎖の反対側に塩基がついていますが、T（チミン）の代わりにU（ウラシル）を含む4種類です。つまりDNAとRNAを構成する塩基は全部で5種類あり、アデニン（A）・グアニン（G）を総称してプリン、チミン（T）・ウラシル（U）・シトシン（C）を総称してピリミジンと言います。

最近ビールや発泡酒のCMなどでプリン体という言葉がよく聞かれますが、これはプリンとイコールです（参考文献24）。

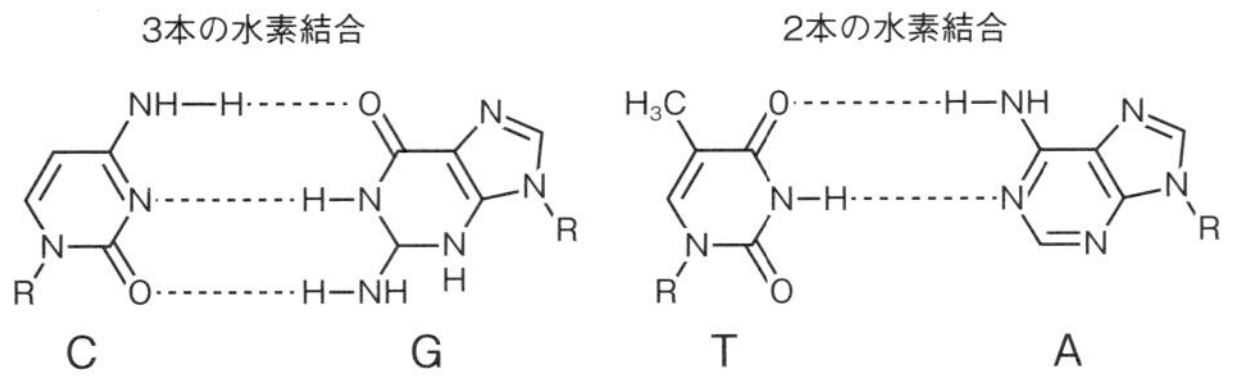

Rはリボースまたはデオキシリボース

図２：塩基の種類と水素結合

†水素結合と複製の仕組み

核酸の構造は、リン酸を間に挟みつつデオキシリボースかリボースが鎖状につながっています。この鎖でA（アデニン）はT（チミン）と結合し（A＝T）、C（シトシン）はG（グアニン）と結合し（C≡G）、二本の鎖がらせん構造を形成しています。「A＝T」「C≡G」の縦線は、塩基間の水素結合の数を表しています。水素結合が2本のものと3本のものとは結合できないので、かならずAはTと、CはGと結合します（図2）。そして前述のように、この二重らせんがほどけ、自分と同じものを複製し、細胞分裂の際に新しい細胞に情報を伝えます。

2　遺伝情報とセントラル・ドグマ

†性を決定するSRY

先ほども述べたように、染色体はＤＮＡがヒストンと絡みつきながら折り畳まれた構造体です。ヒトには22本の番号付けられた染色体があり（常染色体）、これにXとYという性を決定する染色体（性染色体）を加えて23本、これらが対になって合計46本の染色体で構成されています。

まず、常染色体は単純に大きなものから順に番号が付けられています。ただ、番号を付けたのはずいぶん昔だったので、正確には大きい順になっていません。たとえば、最も小さいと思われた22番染色体の方が21番染色体よりも少しだけ大きいことが現在では分かっています。

Y染色体には男性を決定づける遺伝子、*SRY*（Sex-determining Region of Y）が載っています。ちなみに遺伝子名はイタリックで表記するという研究者の間での慣例にしたがって*SRY*と表記しています。*SRY*は精巣を形成する引き金となる因子をコードする遺伝子であるため、Yを持っていると精巣ができます。ヒトの場合、男性はXYの組み合わせとなります。Yを持たないでXを2つ持つ場合、XXとなり、精巣ができず女性になります。つまり、ヒトの場合は女性が基本形（デフォルト）で、Y染色体を持っていれば男性になり、持っていなければ女性になります。仮にY染色体を持っていたとしても、Y染色体の*SRY*遺伝子の発現が抑えられれば女性化します。

性というのは実に不思議なもので、それぞれの種で独立に進化してきたらしいことが最近の研究で明らかになってきています。哺乳類はたいていSRYで性が決定されるメカニズムを持っていますが、爬虫類、鳥類、両生類、魚類ではまったく異なります。種によっても異なり、まったく違うメカニズムを持っています。つまり、それぞれの種は進化の歴史の中で、別個に性を獲得したようなのです（参考文献1）。

では、どの時点でそのようなことが起こったのでしょうか。性がなければ、当然のことながら子孫はできません。もちろん単細胞生物の場合、細胞分裂することで増えていきますが、それでも性にあたる因子を持っているものもいます。これはまさに卵とニワトリのような関係で、解明することは非常に難しいのですが、興味が尽きない分野です。

私たち哺乳類の場合、だいたいSRY遺伝子で性が決定づけられていると先に述べました。犬や猫でも、ゴリラやチンパンジーでも、Y染色体を持てばオスになります。電子顕微鏡で見てみるとY染色体は非常に小さく、X染色体の3分の1ほどの大きさしかありません。Y染色体にはSRY以外に遺伝子がごくわずかしか載っていないため、「遺伝子の砂漠」とも言われます。つまり、ほとんど性を決定するだけの目的で存在しているような染色体です。

†なぜ性は2つなのか

生命の歴史において、なぜこんな無駄なこと、コストパフォーマンスの悪い仕組みが進化したのでしょうか。おそらく、性を誕生させることに何らかの意味があったのでしょう。その根本にあるのは、ゲノムを混ぜるということだと考えられます。オスとメスが交配することによって2つの個体のゲノムが混ざれば、それだけ生まれてくる子孫のバリエーションが増えます。バリエーションが増える、つまり遺伝的多様性が高くなるということは、より多様な環境に適応できる確率が上がる、ということになります。地球上の生命は、そういうストラテジー（戦略）を取ったのでしょう。

ゲノムの多様性には、DNAが複製する際に生じる突然変異（mutation）も大きく貢献します。でも変異の組み合わせに関しては、雌雄の交配を介したゲノムの混ぜ合わせがとても効率的です。それならば性が3つとか5つあってもいいわけですが、それらが合体しなければ子孫ができないような生物は地球上に存在しません。3つ以上の性をもつ生物は存在しますが、性が3つ揃わなければ子孫ができないという生物はいません。考えてみたら、これは地球上の生命の不思議の1つといえます。

漫画家・吉田戦車の『火星ルンバ』という作品には、5人揃わなければ恋ができない宇宙人が登場します（初版2000年、ソニーマガジンズ）。宇宙人たちが「4人じゃさびしいわ」と話しているシーンがありますが、私はこのシュールな漫画を大学生の頃に読んで衝撃を受けました。地球上の生命に性が2つ存在し、でも3つ、4つ、5つは存在しない不思議が逆説的に表現されているからです。

「なぜ性は2つしかないのか？」という問いに対し、自信を持って答えを提示できる生物学者はいないのではないでしょうか。単純に考えればDNAが二重らせん構造なので、3つの性が揃わないと子孫ができない仕組みは、構造的に成立しにくいでしょう。また、性が3つ以上揃わないと子孫ができない仕組みは複雑すぎて、もし生じたとしても、進化の歴史の中で生き残ることができなかったのかもしれません。

†ミトコンドリアDNAとY染色体

ここで遺伝人類学において登場する頻度が高いミトコンドリアDNAとY染色体の話を補足しましょう。

ミトコンドリアは、体を構成する細胞の中に存在する細胞内小器官と呼ばれるものの1つで、細胞にエネルギーを供給する働きがあります。ミトコンドリアは女性の系統から子孫に伝わります。たとえば、私の細胞の中にあるミトコンドリアは私の母親から伝わったもので、父親から伝わったものではありません。私には娘がいますが、娘の細胞1つの中に数百個存在するミトコンドリアは、妻のミトコンドリアが伝わったもので、私のミトコンドリアは伝わっていません。

細胞核に存在するＤＮＡとは別に、ミトコンドリアは独自のＤＮＡを持っています。これは、ミトコンドリアがかつて独立した生物だったことを物語っています。生命の歴史のある時から他の生物の細胞に共生し始めて細胞内に取り込まれ、やがて1つの器官として機能するようになったと考えられています。このミトコンドリアが独自に持つＤＮＡをミトコンドリアＤＮＡ（mtDNA）とかミトコンドリア・ゲノムと呼んでいます。ミトコンドリアＤＮＡには、タンパク質をコードする13種類の遺伝子と、後述するリボソームＲＮＡやトランスファーＲＮＡの情報がコードされています。

ミトコンドリアＤＮＡが女性の系統にのみ伝わるのに対し、Ｙ染色体には、前述のように生物学的な男性を決定する遺伝子が載っており、男性の系統のみに伝わります。*1 だから私の持っているＹ染色体は、私の父親から伝わったもので、私には息子がいないので私のＹ染色体は誰にも伝わっていません。ただ、私には弟がいますから、私の父親のＹ染色体は私の弟の息子には伝わっています。

＊1　厳密にいうと、ごく一部、Ｘ染色体と組換えを起こす箇所（偽常染色体領域と呼ばれます）は、Ｘ染色体を介して女性にも伝わります。

†性によって異なる遺伝的近縁性

このようにミトコンドリアDNAとY染色体は、核の中に格納されているDNAと違い、女性と男性どちらか一方のみの系統で引き継がれていく特徴があります。そして、たとえば日本人、韓国人、ドイツ人などといった特定の集団を仮定して、ミトコンドリアとY染色体を調べてみると、同じ集団の同じ個体を調べているにもかかわらず、ミトコンドリアで描かれる近縁関係（遺伝的な近さ）とY染色体で描かれるそれは違った形で出てきます。これはいったいどういうことか？ 実は、それが本書のキモになっています。

私たちの研究チームの論文が2001年に『ネイチャー・ジェネティックス』（Nature Genetics）という専門誌に掲載されました。この短報の中で私たちは、集団が固有に持つ婚姻システムによって、ミトコンドリアDNAで描かれる近縁関係とY染色体で描かれる近縁関係には違いが出てくるという現象を示しました。ミトコンドリアDNAとY染色体の示すパターンの違いには、男女がその時代その時代の社会の中で、どのように行き来し、子孫を作ってきたかという流れが大きくかかわってくる。ほかの生物でもそうですが、人間の場合は特に、どのような婚姻に関する社会的な約束事が大切にされているか、といった〝文化〟が遺伝子の流れを決定づけている様子が見えました。この内容については、第4章以降で詳しく解説します。

†遺伝の仕組み――セントラル・ドグマと転写

少し脱線しましたが、分子遺伝学の話に戻りましょう。ＤＮＡはいきなり私たちの手、口、鼻になるわけではありません。ＤＮＡに書かれた暗号は、転写（transcript）されてｍＲＮＡ（メッセンジャーＲＮＡ。日本語では伝令ＲＮＡ）に写し取られます。これが細胞核から出てきて細胞質で翻訳（translate）され、タンパク質が作られます。ヒトの場合、10万を超える種類のタンパク質がさまざまな機能を持ち、互いに関連し合いながら私たちの姿形を形成し、生理・代謝の基礎的な分子として働いています。

私たちのゲノム情報はＤＮＡに刻まれているため、この流れが不可欠です。一つ一つの細胞の核の中には両親から受け継いだ全ゲノム（全ての情報）が入っていますが、それが全て発現してしまっては、生命活動は成立しません。目、脳、皮膚、心臓、胃、肝臓などそれぞれの臓器で、それぞれ必要とされるタンパク質をコードする遺伝子が選択的に発現しなければなりません。

たとえば肝臓で必要なタンパク質は、肝臓の細胞の核の中にあるＤＮＡの、そのタンパク質をコードする遺伝子からｍＲＮＡが写し取られます。あるいは胃の細胞、脳の細胞など、それぞれの臓器で必要なタンパク質は、体中の全ての細胞に全てのゲノムがあるにもかかわらず、特定の臓器で必要な情報だけが転写され、その臓器に必要なタンパク質が作られます。このような遺伝子の働きの一連の流れをセントラル・ドグマ（central dogma）と呼びます。

セントラル・ドグマの例外として、ウイルスの一部が逆転写（reverse transcript）をしてRNAからDNAに情報が写し取られる流れがあります。逆転写をするウイルスとしては、HIV（ヒト免疫不全ウイルス）が挙げられます。HIVはRNAウイルスという仲間の1つで、こうしたRNAウイルスをレトロウイルスと呼びます。感染した後、自分の分身を逆転写してホストのゲノムDNAに潜り込ませます。ヒトゲノムに潜り込んだHIVは、何らかの条件が整った時に発症します。

タンパク質からmRNAに情報が読み込まれる仕組みは現在のところ発見されていません。もしそういうことをする酵素や仕組みが発見されたらノーベル賞を取ることは間違いないでしょう。逆に言えば、分子生物学のセントラル・ドグマはそれくらい確固としたドグマ（堅固な原理）なのです。

✝全生命共通の遺伝暗号表

セントラル・ドグマの一連のプロセスで、mRNAからタンパク質に翻訳される際の「翻訳のルール」となる遺伝暗号（コドン）表があります（図3）。ここには、どの塩基配列だとどの

		第2文字					
		T	C	A	G		
第1文字	T	Phe	Ser	Tyr	Cys	T	第3文字
		Phe	Ser	Tyr	Cys	C	
		Leu	Ser	終了	終了	A	
		Leu	Ser	終了	Tri	G	
	C	Leu	Pro	His	Arg	T	
		Leu	Pro	His	Arg	C	
		Leu	Pro	Gln	Arg	A	
		Leu	Pro	Gln	Arg	G	
	A	Ile	Thr	Asn	Ser	T	
		Ile	Thr	asn	Ser	C	
		Ile	Thr	Lys	Arg	A	
		Met（開始）	Thr	Lys	Arg	G	
	G	Val	Ala	Asp	Gly	T	
		Val	Ala	Asp	Gly	C	
		Val	Ala	Glu	Gly	A	
		Val	Ala	Glu	Gly	G	

図3：DNAの遺伝暗号（コドン）表。対応するアミノ酸は3文字略表記で表す

タンパク質に翻訳されるのかについて全ての遺伝暗号が記されています。すなわち、図3はDNAの3つ組の塩基に対応するアミノ酸が表としてまとめられたものです。

私は高校生の頃この遺伝暗号表を初めて見たとき、いたく感動しました。地球上の生命のほぼ全てが同じ暗号で成り立っているということは、地球上の全ての生命が一つの進化の道筋で説明できることを意味するからです。実際、バクテリア（細菌）の場合は少し違っていて、方言のようなものを持っていますが、地球上の生物は基本的に全て同じ暗号を用いて設計されています。

では、図3の表について説明していきましょう。表の左には第1文字、上には第2文字、右には第3文字と書かれています。

たとえば文字がTTTとなっていればフェニルアラニン（Phe）というアミノ酸、CTCとなっていればロイシン（Leu）というアミノ酸にそれぞれ対応しています。括弧の中のアルファベットは、アミノ酸の3文字略表記です。

表の一番左の列の上から12行目、メチオニン（Met）というアミノ酸をコードしているATGが開始（読み始め）となります。DNAの長大な鎖の中でATGが出てきたらそこが文章の開始となり、そこから先にその文章が続いていきます。文章と言っても、アミノ酸の並び方が書かれているだけです。そしてTAAあるいはTAG、TGAと書いてあれば、それは終了（読み終わり）を示す暗号です。この表を参照すれば、アミノ酸の配列を最初から最後まで追っていくことができます。アミノ酸の並び順の膨大な組み合わせは、このようにDNAの配列に刻まれているのです。

今パソコンのキーボードででたらめにA・T・C・Gの4文字を打って架空のDNAの配列を書いてみました（図4）。こんなでたらめな文字配列でも暗号として読み取ることができます。読み始めを示すATGから、3文字ずつに読み枠が仕切られ、アミノ酸の並び順が決定されました。

しばらくすると、読み終わりを示すTGAが出てきます。読み始めと読み終わりがあり、1つの文章になります。この文章とはすなわち、1つの遺伝子です。

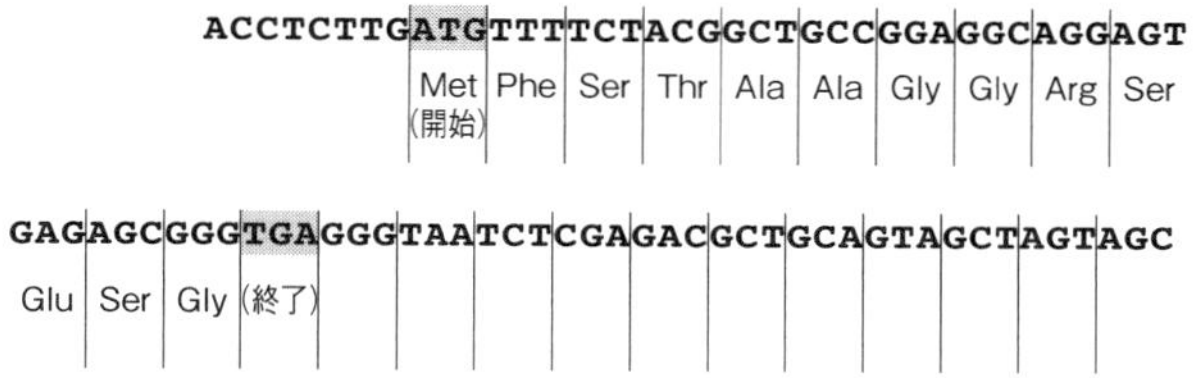

図4：架空のDNA配列

先ほどDNAからmRNAに転写され、タンパク質に翻訳されるという流れについてごく簡単に説明しました。mRNAは細胞核から細胞質に出てくると、リボゾームという構造で、tRNA（トランスファーRNA。日本語で運搬RNA）という「アミノ酸の運び屋」を介して、3文字に対応するアミノ酸が工場のベルトコンベヤーのように次々につながれていき、タンパク質が作られます。

†DNAの遺伝情報がアミノ酸の並びを決める

タンパク質とは、アミノ酸が結合したポリペプチドが折り畳まれた分子です。たとえばβ-グロビンは赤血球の中に含まれるタンパク質の1つです。アミノ酸がペプチド結合と呼ばれる結合でつながったものをポリペプチドと言い、細胞の中で折り畳まれて立体的な構造体を作ります。この立体構造体に酸素を結合する部位ができ、赤血球の中で酸素を運ぶヘモグロビンの一部となります。

ほかにもコラーゲンや皮膚を作るケラチンや、胃や腸で働く消化酵素などさまざまな機能を持ったタンパク質があります。主に肝臓で働

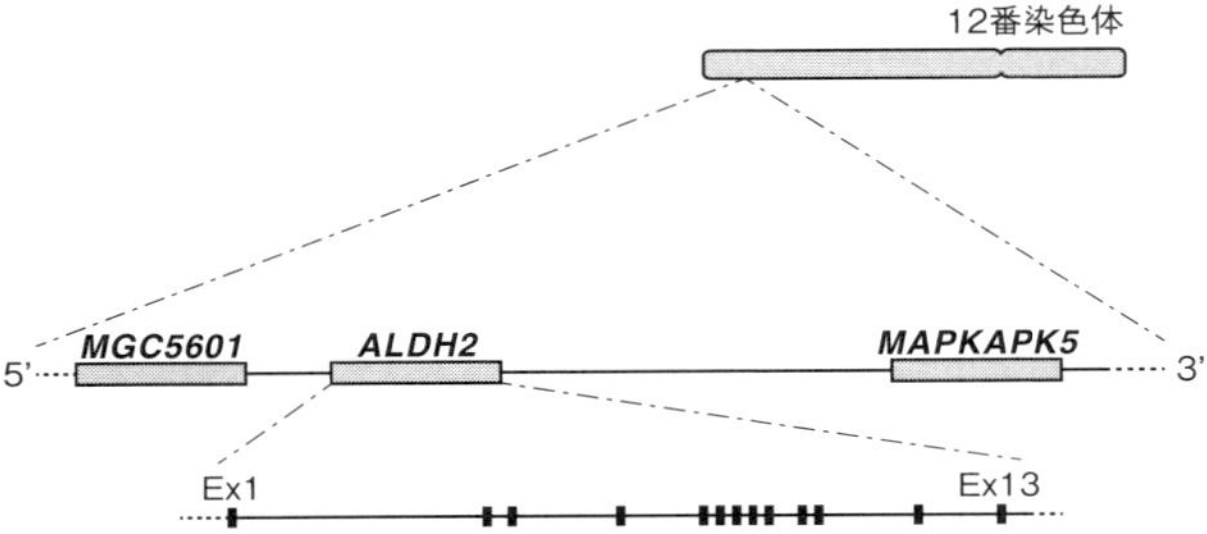

図5：*ALDH2*（アルデヒド脱水素酵素2）遺伝子

いているアルコール分解酵素（正しくはアルコール脱水素酵素）も、アミノ酸が数珠《じゅず》つなぎにつながったポリペプチドが折り重なってタンパク質として機能しています。

ヒトの12番染色体を見てみましょう（図5）。ヒト12番染色体の長腕と呼ばれる部分の比較的端の方に*ALDH2*という遺伝子があります。これはアルデヒド脱水素酵素と言って、アルコール脱水素酵素が働いた後に働く酵素をコードする遺伝子です。図の中で*ALDH2*の脇にある*MAPKAPK5*などは、別の遺伝子です。つづいて*ALDH2*遺伝子を拡大してみるとエキソン（exon）という部分があります。図5では黒い四角で表現してあります。Ex1とEx13を示しましたが、これはエキソン1、2、3、……と順番に13まであることを意味しています。13個のエキソンは飛び飛びにあり、エキソンとエキソンの間にイントロン（intron）と呼ばれる部分があります。

このように遺伝子は多くの場合、単純な1つの塊ではなく飛び飛びに存在するエキソンで構成されており、その間の部分

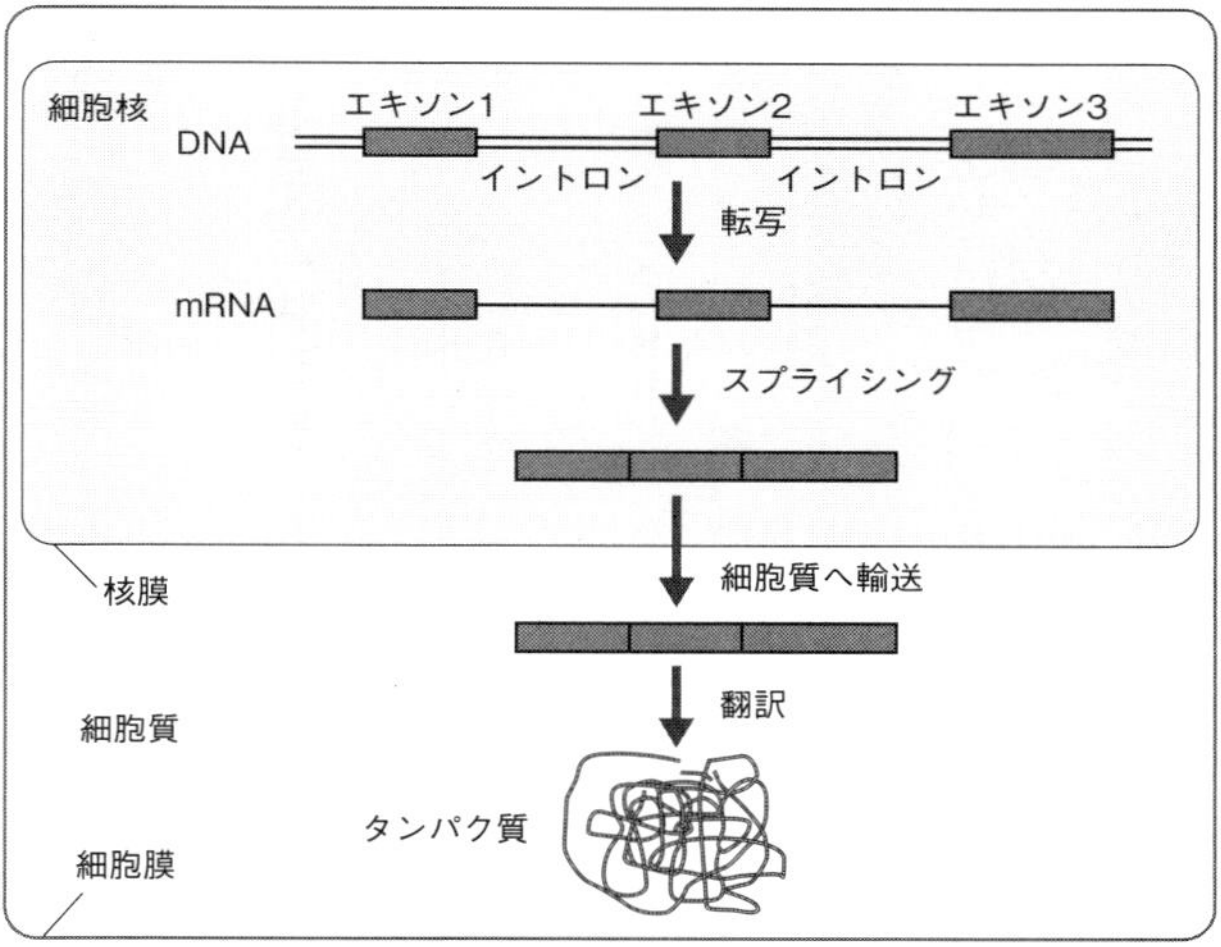

図6：セントラル・ドグマの流れ

（イントロン）は転写の後、細胞核内で編集され、カットされてしまいます。これをスプライシング（splicing）と言います。図6のように細胞核の中のDNAにエキソン1、エキソン2、エキソン3がある場合、mRNAに転写される時に間の部分（イントロン）が編集され（スプライシング）、細胞核から細胞質へ出てきて翻訳され、タンパク質ができます。

このように遺伝子には、後になってそぎ落とされてしまう部分も含まれています。DNAが転写されてRNAが作られ、スプライシングを受けて細胞質でタンパク質に翻訳される流れが、前述のセントラル・ドグマです。

3　遺伝的な個人差をどう分析するか

†「ゲノム解読完了」は「写経が終わった」に過ぎない

　ここまで遺伝子からタンパク質が作られる仕組みについて、高校の一般生物の授業で習うくらいの内容を解説してきました。さらにもう少し詳しく見ていきましょう。

　2001年にヒト全ゲノム塩基配列のドラフト（草稿）が公表され、2003年に解読が完了しました。このヒトゲノムの標準配列は誰でもインターネットからダウンロードすることができます。ヒトゲノムが〝解読された〟と言うと、全ての意味が分かったように思われるかもしれませんが、実際にはゲノム解読が完了してから約15年が経った今でもまだ分からないことの方が多いのです。〝解読された〟とは、ATCGという文字が全て並べられた、並び順が決まった、ということに過ぎませんから、言ってみれば写経が終わったようなものです。写経が終わっても、そこに書かれているお釈迦様の教えを理解できなければ何の意味もありません。

　ヒトの染色体の数は父方から23本、母方から23本を受け取って、合わせて46本、細胞核に格納されていることは、前にも述べました。ヒトの細胞数は約37兆個と言われていますが、全ての細胞核に46本ずつの染色体が、もれなく格納されています。無駄が多いようですが、一つ一つの細胞の中に図書館級のビッグデータを全て抱えているわけです。

†予測より少なかった遺伝子の数

ヒトゲノムに含まれる塩基の数は35億塩基対であることが分かっています。「億」は100,000,000と0が8個並ぶ10の8乗なので、35億は3・5掛ける10の9乗です。10の9乗を、センチ（10のマイナス2乗）とかキロ（10の3乗）のような言い方で言うと、ギガに当たります。ですからヒトゲノムの塩基数は3・5ギガの情報ということになります。DVD1枚に入れることができる情報量が約4・7ギガバイトなので、ヒトゲノム情報は、DVD1枚に入るほどの情報量ということです。つまり、ヒトゲノムはDVDに入れて持ち歩くことができます。

それでは、ヒトの持っている遺伝子の数はどれくらいなのでしょうか。2001年にドラフトが出る前から、ヒトの遺伝子の数については研究者の間でさまざまに議論されてきました。下馬評では、だいたい10万個ぐらいだろうと推測されていました。ヒトには、タンパク質として知られているものが少なくとも10万種類あるので、1遺伝子につき1つタンパク質があるとすれば、遺伝子は10万個あるだろうと考えられたのです。

しかし、ヒトゲノムのドラフト配列が発表され、実際に数えてみたら約2万5000個しか存在しませんでした。先ほどお話しした遺伝子の読み始めから読み終わりまでの組み合わせ、「読み枠」が約2万5000通りあったということです。実際には、この「読み枠」にスイッチON・OFFの合図を与えるプロモーター領域という部分の情報も考慮して遺伝子の数は数えられています。

なぜ遺伝子の数にこれだけの差が出たのでしょうか。これは正確には解明されていませんが、一番大きな要因としては、オルタナティブ・スプライシング（Alternative Splicing）という現象が関係していると考えられます。

再び図6を見ていただくと、遺伝子のエキソンとエキソンの間の部分（イントロン）を編集する場合、たとえば3つあるエキソン（エキソン1・エキソン2・エキソン3）を1つにつなげるmRNAが普通考えられますが、3つのエキソンのうち2つだけ使うような場合があります。これをオルタナティブ・スプライシングと呼んでいます。つまり、前の2つ（エキソン1・エキソン2）を1つにする、後ろの2つ（エキソン2・エキソン3）を1つにするというような組み合わせの可能性があるとすると、1つの遺伝子で3つの選択肢があることになります。こういうオルタナティブ・スプライシングが予想以上に多くあって、タンパク質は10万種類ありそうなのに、遺伝子は約2万5000個しかないということが起こっているのではないかと考えられます。

ヒトゲノムが解読された時、多くの研究者は遺伝子の数の少なさに驚きました。「そんなに少なくていいの？」と。2005年にはチンパンジーの全ゲノム配列が決定されましたが、ここでも遺伝子の数は2～3万個ほどでした。さらにショウジョウバエ（いわゆる小バエ）や線虫（ヒトの肛門につくギョウ虫の親戚）など脊椎動物ですらないような実験生物のゲノムも解読されましたが、遺伝子の数はやはり2万ほどです。このように生物種を問わず、遺伝子の数に大きな違いはありませんでした。このことは、非常に少ない遺伝子の組み合わせで複雑な生命の現象が生み出されていることを示しています。

†遺伝子のバリエーション

遺伝子とはATCGというわずか4つの文字で書かれた設計図です。ヒトゲノムが解読され、一般向けに「ゲノム・マップ」というものが作られました。ここには現在分かっている範囲で、染色体のどこにどのような遺伝子が載っているかが示されています（参考文献11）。

たとえば11番染色体には、*HBB*という遺伝子が書いてあります。この遺伝子に変異が起こると、赤血球が鎌状になる鎌状赤血球貧血症という遺伝病になることが知られています。12番染色体にある*ALDH2*はお酒に強いか弱いかを決定する遺伝子です（図5参照）。この遺伝子に変異があると、お酒を飲んだ際、顔が紅くなったり、吐き気や頭痛を感じたりします。ヨーロッパやアフリカには皆無な変異ですが、東アジアにはなぜか存在します（後述します）。17番染色体には体内時計を形成するのに必須となる時計遺伝子（*PER1*）が存在しています。

†遺伝子タイプと表現型

遺伝子のバリエーションについてお話しする時、しばしば血液型が例に挙がります。アメリカ先住民の血液型分布を調べてみると、北米・南米ではO型の人が非常に多いです。一方でアジア大陸・ヨーロッパ大陸ではO型の人が占める割合は50パーセント前後で、特に多いわけではありません。血液型に性格が反映されるとしたら、O型の人が90パーセント以上を占める南米の人々はみな同じ性格になってしまいますが、実際にはそんなことはあり得ません。もちろん、ここで対象になっているのはアメリカ先住民で、新大陸発見以降に渡って来たヨーロッパ系の人々はその限りではありません。

ABO血液型の実体とは何でしょうか。簡単に言えば赤血球の表面に抗原が付いていて、その抗原にA型（N‐アセチルガラクトサミン）とB型（ガラクトース）があります。AB型はその両方を持っており、O型はそのいずれも持っていません。これが実体です。

これら抗原の糖鎖《とうさ》は、糖転移酵素（グリコシルトランスフェラーゼ）という酵素によって赤血球の表面に付けられます。この糖転移酵素にN‐アセチルガラクトサミンを付着させる酵素とガラクトースを付着させる酵素があります。つまり、ABO血液型を決定する遺伝子とは、この糖転移酵素をコードする遺伝子のことを指します。

両親からN-アセチルガラクトサミンを付ける酵素の遺伝子タイプを受け取った人は、遺伝子型AAで表現型がA型になります。遺伝子型とは、両親から受け取ったタイプ一つ一つを1セットとしたタイプのことです。表現型とは、それが形質として、体質や形として表面化するタイプのことです。

両親からガラクトースを付ける酵素の遺伝子タイプを受け取った人は、遺伝子型BBで表現型がB型になります。そして、両親からN-アセチルガラクトサミンを付ける酵素とガラクトースを付ける酵素を1つずつ受け取った人は遺伝子型ABで表現型もAB型になり、どちらの糖鎖も付ける機能を失ってしまったタイプを両親から受け取った人は遺伝子型OOで表現型はO型になります。ご存じの通り、遺伝子型AOは表現型はA型に、遺伝子型BOは表現型はB型になります。

ABO血液型を決定する糖転移酵素遺伝子は、9番染色体に存在します。ABO遺伝子は7つのエキソンによって構成されており、これが転写され翻訳されて糖を転移する酵素を作り出します。O型遺伝子の塩基配列を見てみると261番目の塩基Gが抜け落ちています。これをGの「欠失」(deletion)と呼びますが、このため開始コドンから本来の終止コドンまでの読み枠がずれてしまい、本来の終止コドンとは異なる終止コドンが早々と出てきてしまいます。このような変異が起こっているため、O型の人の遺伝子から作り出される糖転移酵素はその機能を失っているのです。

一方でA型とB型の人の場合、176番目のアミノ酸がN‐アセチルガラクトサミンを付ける酵素ではArg（アルギニン）ですが、ガラクトースを付ける酵素ではGly（グリシン）です。同様に235番目、265番目、268番目のアミノ酸がA型遺伝子とB型遺伝子では異なっています。これらはそれぞれDNAの配列において526番目、703番目、796番目、803番目の塩基の違いに対応し、2つの糖転移酵素の機能が微妙に変化し、それぞれ異なる糖鎖を付けることになります。

ABO血液型が決まるメカニズムは、ざっとこんな感じです。当然のことながら、赤血球の表面の糖鎖の種類と人の性格とは無関係なので、ABO血液型と人の性格とを関連づける科学的根拠は皆無と言えます。

†遺伝的多型とはなにか

このようなDNAの違いやその遺伝子の翻訳の結果に生じるタンパク質の違い、すなわち分子レベルのバリエーションを遺伝的多型（genetic polymorphism）と言います。厳密には遺伝的多型という言葉は、集団中に1パーセント以上の頻度でそのバリエーションが存在する場合に使われます。集団中で1パーセント未満のものは、レア・バリアント（rare variant）と呼ばれています。

DNAのバリエーションは、突然変異（mutation）によって生じます。子孫に伝わる突然変異は、生殖細胞でDNAが複製される際に起こったエラーにより生じます。生物の細胞にはもともと複製エラーを修復する機能が備わっているので、子孫に伝わる突然変異は、そもそもレアなものです。つまり突然変異は、それが生まれた時は常にレア・バリアントということになります。

突然変異は個人差の源となります。多型という言葉は、遺伝的多型だけでなく、表現型の多型にも用いられます。たとえばお酒に強い人と弱い人が存在しますが、これは表現型の多型です。お酒に強い・弱い、という表《おもて》に現れるタイプを「表現型」（phenotype）と言います。その表現型を決める分子レベルのタイプが遺伝的多型です。表現型の多型を決める原因分子が、前述の血液型などを決定するタンパク多型（酵素多型）であり、タンパク多型を決定しているのがDNA多型です。

背が高いとか低いとか、鼻が高いとか低いとか、血圧が高いとか低いとか、瞳の色が黒いとか青いとか、髪の毛の色が黒髪だとか金髪だとか、そうした表に現れる形質（身長、鼻、血圧、瞳色、毛色）を表現型といいますが、表現型の多型（高いとか低いとか、黒いとか青いとか）を決める分子レベルの因子が遺伝的多型というわけです。

†犯罪捜査に使われるDNA配列

ＤＮＡ多型には、いくつかの種類があります。それらには、必ずしもタンパク多型を生じないものも多く、したがって必ずしも表現型の多型と関係あるとは限りません。

ＶＮＴＲ（variable number of tandem repeat）は数塩基から数十塩基の配列が繰り返されるＤＮＡ多型です。これはヒトゲノムの35億塩基対の中に、数百から数千カ所存在します。繰り返しの単位が１００文字（塩基）ほどである場合、ＶＮＴＲと呼ばれます。この繰り返しの単位が2〜7塩基と短い場合、ＳＴＲＰ（short tandem repeat polymorphism）と呼ばれます。こうした繰り返し配列の繰り返し回数のバリエーションに対して、1塩基のバリエーションの場合、ＳＮＰ（single nucleotide polymorphism）と呼ばれます。

犯罪捜査におけるＤＮＡ鑑定では、ＳＴＲＰが使われる場合が多いです。２０１５年4月、袴田《はかまだ》事件の再審開始決定の決め手となったＤＮＡ鑑定の有効性について弁護団と検察側の主張が対立したため、高裁は結論を持ち越しました。今でこそＤＮＡ鑑定の精度は上がっていますが、そもそもＳＴＲＰを正確にタイピングするのに十分なＤＮＡを、第6章でお話しする〝コンタミネーション〟なしに間違いなく回収するということは、かなり難しい技術なので、間違うことも十分にあり得ます。

私が大学院生だった頃、警察が容疑者の家で掃除機をかけ、そこに溜まった毛髪や陰毛を持ってきて「ここから犯人のDNAを分析してもらえませんか」と研究室の先輩に依頼したことがあります。その先輩は「掃除機のゴミではなく、唾液などはありませんか」と尋ねました。

もちろん毛髪や陰毛など体毛の細胞にもDNAは含まれます。分析ができないことはないけれど、唾液の方がより多くDNAを含むし、DNA抽出が容易です。一番良いのは血液です。血液に含まれるDNAは、原則的に本人のDNAのみだからです。唾液から抽出されるDNAには細菌や食べた物のDNAも含まれてしまいます。掃除機で吸った体毛の場合、それ自体が本人のものかどうかは怪しいし、細菌なども当然付いています。いずれにしても警察を含めた事件捜査の関係者たちが、DNA分析についての知識を十分に持っていなかった時代のDNA鑑定については、慎重に捉える必要があります。

犯罪捜査のDNA鑑定で最も多く使われているSTRPとは、繰り返し配列の繰り返し回数に個人差があるものを指します。たとえば、GCTという3文字が繰り返される箇所（「座位」〈locus〉という言葉を使います）があり、その回数に個人差がある場合があります。

父方と母方から1組ずつ染色体を受け継いでいますから、その繰り返し回数は1人につき2

つあります。例えば、ある座位に着目したとき、Aさんは3回GCTを繰り返す染色体と4回GCTを繰り返す染色体を持っているとします。そしてBさんは両方とも5回、Cさんは7回と4回の繰り返し、という具合に持っているとします。すると、この座位に着目しただけで、繰り返し回数の違いから、個人を区別できます。

この繰り返し回数の違いも、生殖細胞におけるDNAの複製の際に起きるエラーによって生じますが、STRPを生むエラーは1塩基の違いを生むエラーより起こりやすいので、STRPの各座位のそれぞれのバリエーションはどれもSNPに比べて多いです。もっとも、1塩基の違いであるSNPには、もともとAかTかCかGしかありませんから、STRPのバリエーションが多いのは当然でしょう。

バリエーションが多いので、個人個人での違いも大きくなります。もちろん近縁な集団に属する人々を調べた場合は、偶然、繰り返し回数の組み合わせが一致する場合もありますが、STRPの座位を複数調べることによって、偶然の一致の可能性を小さくすることができ、個人の同定の確度が増します。だいたい20座位ぐらい見れば同一人物であるかどうかかなり確実に判定できると言われています。

†DNA鑑定はどこまで「鑑定」できるのか

テレビのニュース番組などで、殺人事件が起きてDNA鑑定をしました、といった報道がなされているのをしばしば見かけます。こうした報道ではSTRPの繰り返し回数が同じであったことを「犯人のDNAと一致しました」などと言っているようですが、正確には「犯人のDNAと容疑者のDNAのSTRP20座位を調べたところ、20座位とも繰り返し回数の組み合わせが100パーセント一致しました」とすべきでしょう。100パーセント一致したとしても、100パーセント同一人物とは言えないことに注意しなければなりません。あくまでも高い確率で同一人物だ、というだけです。逆に1座位でも違っていれば、他の19座位は偶然の一致であり、調べられた二者は別人ということになります。

1998年にビル・クリントンとモニカ・ルインスキーの不倫関係が取り沙汰された際、ルインスキーのドレスに付着していた体液でDNA鑑定が行われ、これがクリントン以外のものである確率は欧米人で7兆8700万人に1人という鑑定結果が出ました。つまり、かなり高い確率で同一人物だったという結果です。これもSTRPで調べられたものですが、注意すべきなのは、あくまで「高い確率で同一人物である」という表現がなされていることです。

犯罪捜査以外では、親子鑑定などにもSTRPは利用されています。親子関係を調べる場合、父方・母方の繰り返し回数が一致しているかどうかが鍵となります。たとえば前述の例で言うと、Aさん(3回・4回)とBさん(5回・5回)が父親、母親であったとした場合、この両親からCさん（7回・4回）は生まれません。CさんがAさんとBさんの間に生まれた子供であれば、3回・5回の組み合わせか、4回・5回の組み合わせしかありませんが、Cさんの組み合わせは違っていました。もちろん、CさんにとってAさんが片方の親である可能性はありますが、Bさんが親であることはあり得ません。ここでは1座位の話をしていますが、親子鑑定を行う際は、複数座位を調べ、たとえば20座位調べたうちの1座位でも矛盾があれば、原則的に「親子ではない」という判定になります。

私がアメリカ合衆国のイエール大学で研究員をしていた頃、2001年9月11日に同時多発テロがありました。イエール大学のあるニューヘイブンという街はニューヨークから車で1時間半ほど北に行ったところにあるため、直接の被害は受けませんでしたが、ニューヨークのマンハッタン島にある病院だけでは被害者を収容しきれなかったため、一部の被害者がイエール大学の大学病院まで担ぎ込まれていました。

連邦政府はワールド・トレード・センタービルディングで亡くなった人とその遺族に対し補償することを約束し、血縁関係があることを証明するために法医解剖とDNA鑑定が行われました。私はこの時のDNA鑑定の現場とは無関係でしたが、DNA鑑定で使われたのは主にSTRPだったようです。

†SNPとはなにか――お酒を飲めない人の遺伝子

一塩基多型（SNP）は、ゲノム医学や創薬の分野でもっとも利用されているDNA多型です。ここではSNPの一例として、図5で登場した*ALDH2*の変異についてもう少し詳しく見ていきたいと思います。

*ALDH2*遺伝子は13個のエキソンで構成されています。このうち12番目のエキソン（エキソン12）の配列の一部（-tacatGAAgtgaaa-）でGAAとなっている部分があります。大文字になっているGAAのうち1番目のGがAに変わってAAAになっている（-tacatAAAgtgaaa-）タイプを持っている人が、東アジアにはかなりの割合で存在します。GAAからAAAに、1つの塩基だけが変わり、アミノ酸がグルタミン酸からリシンに変わっているだけですが、これが注目すべき生理現象を引き起こします。

お酒を飲めない人は、この部分がAAAになっています。アミノ酸がグルタミン酸（GAA）からリシン（AAA）に変化すると、機能を失った酵素が生産されるため、結果的にお酒に弱くなるのです。

お酒に含まれるアルコールは主にエタノールですが、肝臓でエタノールがアルコール脱水素酵素（ADH）により分解されるとアセトアルデヒドになります。アセトアルデヒドがさらに分解されると酢酸になります。酢酸まで分解されれば無毒です。出発の物質であるエタノールにはそれほど毒性はありませんが、アセトアルデヒドは強い毒性を持ちます。アセトアルデヒドが血中に溜まると頭痛が起こり、顔が紅くなり、気分が悪くなります。

これを分解するのがアルデヒド脱水素酵素（ALDH2）ですが、エキソン12の配列に今述べたような変異が起こるとアセトアルデヒドを分解できなくなるため、お酒を飲むと、血中のアセトアルデヒド濃度がなかなか下がらず、二日酔いになってしまいます。健康な成人の肝臓でも、この変異が原因でアセトアルデヒドの分解ができない、あるいは効率が悪い場合があります。この変異を持つ人は、遺伝的にお酒を飲めない、あるいは、お酒に弱いタイプの人ということになります。

繰り返しになりますが、ゲノム情報は両親から半分ずつもらうので、両方ともGAA（GAA／GAAタイプ）ならばアセトアルデヒドを問題なく分解できます。しかし、片方がAAA（GAA／AAAタイプ）だと、アセトアルデヒドを分解できる酵素が、GAA／GAAタイプの半分しかないことになります。両方ともAAA（AAA／AAAタイプ）だとこの酵素のアセトアルデヒドを分解する能力はゼロです。[*2]

日本列島に現在住んでいる人で調べるとGAA／AAAタイプの人（「ヘテロ接合」と呼びます）が40パーセント前後おり、AAA／AAAタイプの人が5パーセントぐらいいます。私がイエール大学のケネス・キッド（Kenneth K. Kidd　イエール大学医学部・教授）の研究室にいた頃に調べたところ、この変異を持っている人は東アジアにしかいませんでした。世界中の40集団・約2000人について調べましたが、この変異は東アジア以外の地域の人類集団からは見つからなかったのです。

もちろんお酒を飲める、飲めないというのは酵素の問題だけではなく、嗜好も関係しますし、肝臓自体が悪くなっていればGAA／GAAタイプの人であってもアセトアルデヒドを分解する機能が低下します。「お酒に強いか弱いか」は遺伝子型だけで決まるわけではありませんが、ヒトの表現型の中では、遺伝子型と表現型との間の対応関係がかなり明確な例です。

＊2　ALDH2という酵素は、4つのサブユニットが合体して1つの「四量体」というものを形成して機能を発揮します。したがってGAA／AAAタイプの人は、全体の何パーセントかは変異タイプを含む四量体を形成することになります。1つでも変異タイプを含む四量体は安定性を損ない、結果的に著しくアルデヒド分解能が低くなります。AAA／AAAタイプの人は変異タイプしか作らないので、四量体の形成そのものが難しくなり、酵素としての機能が失われた状態になります。つまりAAA／AAAタイプの人は、飲酒をすれば確実に気分が悪くなり、多量に飲めば命の危険にも関わるということになります。

†遺伝子を手がかりとした疾患リスク

これまでSNPが着目されてきた最大の理由は、疾患リスク変異の探査に使えるという点です。テイラーメイド医療とか個別化医療と呼ばれ、個人個人のゲノムを調べたうえで個人に合った治療を目指すことでゲノム医学は展開しました。患者さんのゲノムから疾患リスク変異を見つけ出してくる場面などで、広くSNPが遺伝マーカーとして利用されてきたのです。ちなみに、個別化医療は2015年のオバマ・アメリカ合衆国大統領の一般教書演説でプレシジョン・メディシン（Precision Medicine）と表現され、以後、この呼び方が広く使われています。

ゲノム情報に基づいて薬をつくることをゲノム創薬と呼びますが、ゲノム創薬においても、SNPは大きな役割を果たします。DNAのある箇所の塩基がCであるかTであるかによって、ある薬に対する副作用の種類が決定される場合、Cを持っている人には○○という薬を投与すれば副作用が少なくなります。一方でTを持っている人には、それとは違うタイプの薬を投与すれば副作用が少なくなります。このようにSNPを調べることにより、副作用のリスクなどを未然に防ぐことができ、実用化されている例もあります。

ハリウッド女優、アンジェリーナ・ジョリーが、遺伝子検査で乳がんになるリスクが高いことがわかったため、乳房を切除したことは有名です。17番染色体にある*BRCA1*という遺伝子中の1塩基が入れ替わっている変異を持つと、45〜84パーセントほどの確率で乳がんになるというデータがあります。現在知られている疾患リスク変異の中では、かなり高い罹患確率です。今後、遺伝子検査がもっと安価になり、もっと身近なものになれば、乳がんが発症する前に乳房を切除してしまう女性が増えるかもしれません。

✝ゲノム医学の注意点

しかし、*BRCA1* で示されるリスクほど明確にリスクを予測できる変異はそう多くありません。こうしたリスクを明確に示す変異はむしろ稀《まれ》なケースであって、たいていの場合、1つの疾患には複数の遺伝子が関係しているので、1つの遺伝子の1つの変異を根拠に「あなたはこの病気になります」と言い切ることは、ほとんどの場合できません。関連する複数の遺伝子が、どのように関係し合って1つの表現型や疾患に至るのか、丹念に調べる努力がこれからも必要なのです。

こうした遺伝子の研究は基本的に欧米を中心としているため、ヨーロッパ系の人の遺伝子やゲノムを調べていることが多いです。しかし人類集団によって現在のゲノムの状態に至った歴史が異なるため、ヨーロッパで発症リスクが高まるとされている病気の遺伝子の変異が、日本人にも同じように見つかるとは限りません。ヨーロッパに存在する疾患と同じ疾患が日本にも存在するとしても、ヨーロッパでその病気の原因とされている特定の遺伝子の特定の変異が、日本人の患者からはまったく見つからないケースもあります。

私たちの研究室ではある疾患に関して、ヨーロッパの患者さんで見つかる変異が、日本人では、患者のみならず、健常者からも見つからないケースを国際誌に論文として報告したことがあります（参考文献6）。遺伝子の変異がどの集団にどの程度存在し、どの病気のリスクと関係しているのか。これについて厳密に調べていくことは極めて重要です。

第 2 章
アウト・オブ・アフリカ

オランウータン（サンディエゴ動物園にて、著者撮影）

1　ヒトの起源、人類の起源

アウト・オブ・アフリカをテーマとする本章ではまず、自然人類学の基本的事項について見ていきます。サルとヒトとの違い、用語用法などについて解説します。後半では化石など古い生物の遺物からDNAを抽出し分析するプロセスについて解説します。ややテクニカルな話も入ってきますが、あまり難しく考えずに読み進めてください。

†人類学上の「ヒト」の呼び名

ホモ・サピエンス（*Homo sapiens*）とはもちろん私たちヒトのことです。カタカナで「ヒト」と書くのは、動物図鑑などで馬や牛を「ウマ」「ウシ」と表記するのと同じ理由で、生物分類としての人をヒトと表記することになっています。人類学の研究者たちは一般にも使われている「現代人」（modern humans）という言葉のほかに「現生人類」という言葉も使いますが、これらは「ヒト」とイコールでホモ・サピエンスのことを指します。

ホモ・サピエンスのホモ（*Homo*）は属名、サピエンス（*sapiens*）は種名です。日本語ではヒト属、国際的にはホモ属と言います。少し詳しく言うと、種（species）の上の括りが属

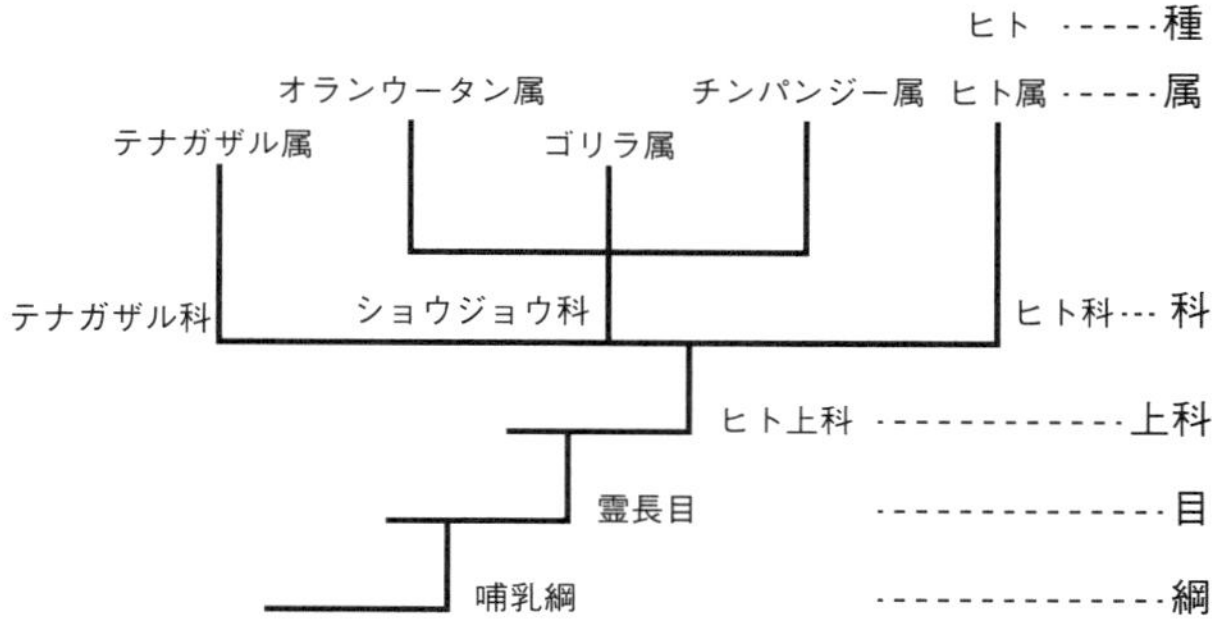

図7a：古典的な分類

(genus)で、その上には科(family)があり、ホモ・サピエンスはヒト科(Hominidae)に分類されます。普通は科の上の括りが目《もく》(order)、さらにその上の括りが綱《こう》(class)です。ヒト科は霊長目に分類され、霊長目は哺乳綱に分類されます。一般には霊長類とか哺乳類とか、何でも「類《るい》」で呼びますが、「目」や「綱」が学問的には正しい分類群の呼び名です(図7a)。でも研究者も面倒だから、通常は霊長類とか哺乳類とか「類」を使って呼んでいます。

古典的な分類では、ヒト科に分類されるのはヒト属だけで、チンパンジー属(国際的にはパン属)、ゴリラ属(国際的にもゴリラ属)、オランウータン属(国際的にはポンゴ属)はショウジョウ科(Pongidae)に分類され、テナガザル属はテナガザル科(Hylobatidae)に分類されていました。ヒト属も合わせたこれら5属は、科の上位の括りである上科(Superfamily)すなわちヒト上科

（Hominoidea）で括られます。上科は科と目の間に設けられた分類群で、ヒト上科という括りが類人猿（apes）と呼ばれている仲間に対応します。類人猿は「尻尾がない猿」のことで、チンパンジー属、ゴリラ属、オランウータン属の3属を特に大型類人猿（great apes）と呼んでいます。

†ヒトとチンパンジーのゲノムの違いはわずか1・2パーセント

類人猿のゲノム解読はほかの生物種に比べて格段に早く進みました。ゲノムの塩基配列のうち並べて比較できる場所を比較すると、ヒトとチンパンジーの違いはわずか1・2パーセントくらいに過ぎません。これは、ヒトとチンパンジーのゲノムの塩基配列の比較できる場所のうち、たとえば1000塩基を比較したら、そのうち12塩基が違っているということです。並べて比較できない場所は比較しようがないから、そういう領域は除いての話であることは一応言い添えておきます。

そして同様に、ゴリラとヒトとの違いは約1・4パーセントです。ただしこれらはゲノム全体の平均であって、領域によってはゴリラの方がチンパンジーよりヒトに近い場所もあります。つまりモザイク状に混在しています。これはヒトとチンパンジーとゴリラが分岐してから時間が十分に経っていないためと考えられています。別の種としての道を歩み始めてからの時間がそれほど経過していなければ、ゲノムに生じる変異の数がそれほど多くは蓄積されないから、遺伝的に大きな差は生じないし、生じたとしてもモザイク状になるのです。

西ローランドゴリラの学名は *Gorilla gorilla gorilla* と言います。東ローランドゴリラやマウンテンゴリラはこれとは違う学名を持ちますが、ゴリラという属名は共通しています。先述したようにチンパンジーはパン属で、パン・トログロダイテス（*Pan troglodytes*）のほかにパン・パニスカス（*Pan paniscus*）がいます。パン・パニスカスは一般にボノボと呼ばれています。これらゴリラ属に分類される3種とチンパンジー属に分類される2種は、全てゲノム解読がそれぞれ複数個体で完了し、詳しく調べられています。

オランウータンとヒトとの間では、ゲノムの塩基配列は約3・0パーセント異なります。オランウータンの学名はスマトラ島に生息しているのがポンゴ・アベリ（*Pongo abelii*）、ボルネオ島にいるのがポンゴ・ピグミス（*Pongo pygmaeus*）で、いずれもポンゴという属名になっています。2種のオランウータンはどちらもゲノム解読がなされており、スマトラ島とボルネオ島の間で種を分けるのに十分な遺伝的違いがあることが確認されています。またスマトラ島とボルネオ島でそれぞれ5頭ほどの全ゲノムが調べられていますが、島の中だけでも非常に遺伝的多様性が高いことがわかっています。*3

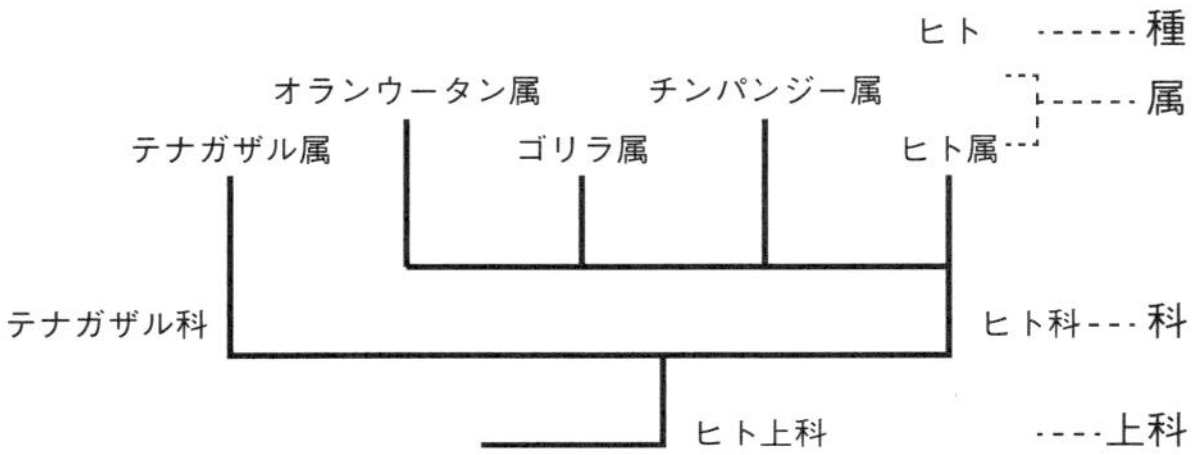

図７ｂ：最近の分類群

†「ヒト科」という分類

オランウータンなんて皆同じ顔じゃないかと思われるかもしれませんが、ゲノムを調べてみると、オランウータンの種内の遺伝的多様性の程度は、ヒト、チンパンジー、ボノボ、ゴリラよりも大きいのです。

ゲノム解読が進んで、ヒト属、チンパンジー属、ゴリラ属、オランウータン属の遺伝的な違いがごくわずかであることが分かってきたので、最近はこれら4属をヒト科としてまとめ、これとテナガザル科の2科をまとめてヒト上科とする分類がよく使われるようになってきました（図7b）。さらに、ヒトとチンパンジー、ボノボをヒト族（ホミニニ　Hominini）と言い、「属」ではなく「族」で表し、チンパンジー属とヒト属を区別しない考えも出てきています。

†種をどこまで分けるか

ヒトの種内の遺伝的多様性はチンパンジーやゴリラ、オランウータンのそれよりも圧倒的に小さいです。例えば、アフリカ系の人に出会ったとき、肌の色などの違いから、日本人は「俺/私とずいぶん違うな」と感じる人がいるかもしれません。しかし、アフリカ大陸と日本列島という地理的距離はあっても、同じホモ・サピエンスという種としてゲノムの大半は共通していて、その違いはだいたいたい平均0・2パーセント以下です。

他方、野生のチンパンジーの生息地はアフリカに限定されていますが、Aという森に住んでいるチンパンジーと、Bという森に住んでいるチンパンジーとのゲノムの違いは、アフリカ大陸に住んでいるヒトと日本列島に住んでいるヒトとの違いよりもはるかに大きいことが分かっています。

＊3　本書では「ゲノム解読」と「全ゲノム解析」の2つの言い方が登場しますが、これらは意味を分けて使っています。「ゲノム解読」と言った場合は、文字通りＡＴＣＧの塩基配列を読む作業をすることで、「ゲノム解読の完了」とは配列を全て読み切りました、ということを意味します。一方、全ゲノム解析と言った場合、この言葉を使う人で意味が異なるかもしれませんが、本書では「全ゲノムを解析したけれど、必ずしも全部を読んだわけではないですよ」という意味を含めて記載しています。全ゲノム解析は、塩基配列を全て読まなくても、既に知られているＳＮＰの部分だけをゲノム網羅的にタイピングして調べることも可能です。したがって、これらは若干意味が異なるわけです。

生物を分類するという行為は、もちろん人間（主に研究者）が行っていることで、当然ながら分類しようとする研究者の間で意見が分かれて、折り合いがついていないものもたくさんあります。

生物の分類方法に関する考え方や立場は、細分派（splitter）と併合派（lumper）に大別されます。前者は細かく分けたがる研究者、後者はあまり細かく分けたがらない研究者です。細分派は地域集団の違いも種の違いとするなど、細かくなりすぎて収拾がつかなくなることもあります。これに対して併合派は、細かい差をそれほど気にしない分、厳密性に欠けると言えなくもありません。

このように研究者によって分類についての考え方が異なるため、地球上のあらゆる生物に関しても種の数は定かではありません。たとえばパン属には何種が存在するかと聞かれれば、私は「パン・トログロダイテス、パン・パニスカスの2種です」と答えますが、パン・トログロダイテスの中で、生息する地域によって西チンパンジーと東チンパンジーを別の種として分類する研究者もいます。とにかく種というのは非常に曖昧な概念であり、研究者の考え方によって変化するものだと言って間違いありません。

†ヒトの起源と人類の起源は違う

先ほど、ヒトとはホモ・サピエンスという種であると言いましたが、それでは「人類」という言葉を使った場合、それは誰を指すのでしょうか。

数年前、「ヒトの起源の謎を解く鍵となる化石が見つかった」というニュースと「人類の起源の謎を解く鍵となる化石が見つかった」というニュースがほぼ同時に報道されたことがありました。この時あるテレビ局から私のもとに電話があり、「『人類の起源』と『ヒトの起源』は、何が違うのか」という質問を受けました。この2つは明らかに違う意味合いを持ちます。私たち自然人類学者は、「人類の起源」と「ヒトの起源」を区別しています。「人類」という言葉を使う時、その中にはヒト属のみならず化石人類（アウストラロピテクス属など）も含まれます。ホミニン（hominin）という括りに相当します。

ヒトとチンパンジーは共通祖先を持っていましたが、ある時点で現在のチンパンジーへ進化した系統と、現在のヒトへ進化した系統とに分かれました。この分岐の後、ヒトの方に来た種を「人類の祖先」と見なしています。パン属との共通祖先と分かれた後のヒト側はみな「人類」なのです。今はすでに地球上に存在しない属や種（つまり化石になった生物）も「人類」という枠の中に入れて考えています。つまり「人類」にはホモ属のヒトという種以外にも複数の属および種が存在したのです。

一方、日本語においては、「ホモ・サピエンス」という学名は「ヒト」と同義語であるため、

「ヒトの起源」はすなわち「ホモ・サピエンスの起源」ということになります。

そうすると、化石や遺伝子の証拠から「人類の起源」はチンパンジーの共通祖先と分かれた700万〜600万年前、「ヒトの起源」は、解剖学的現代人が現れたと考えられる20万〜10万年前となります。このように「人類の起源」と「ヒトの起源」では時間的にかなり大きな隔たりがあるのです。

2 化石から辿る人類の進化

†サルからヒトへ、さまざまな種が混在していた時代

人類の進化については、かつての高校の理科の教科書には記述がなく、世界史の教科書の最初の方で紹介されていました。つまり生物学の範疇《はんちゅう》になかったわけですが、最近、私を含めた人類学者が教科書の執筆者や文科省に働きかけたことにより、理科の教科書にも記述されるようになりました。

かつての世界史の教科書には猿人から原人、旧人、新人というプロセスで人類の進化が説明されていました。最近ではさらに古い化石が発見されているため、これまで発見されてきた猿

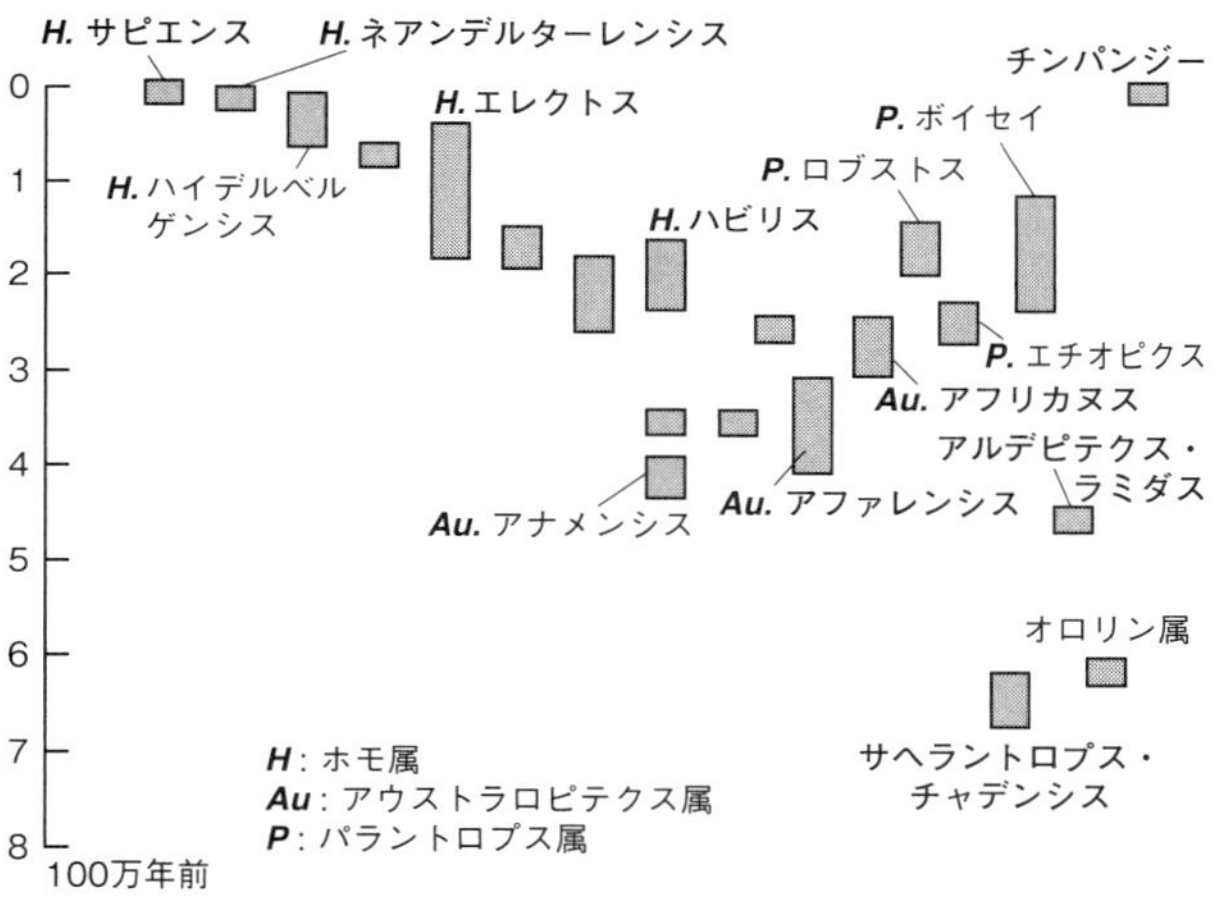

図8：化石の年代と人類の進化

人より古いものを初期猿人と呼んでいます。

かつて人類の進化は、サルのような生物から徐々にヒトに進化したという一系統のストーリーで語られ、教科書にもそう記載されてきました。このストーリーは、どの時代にも地球上には一種類の人類しか存在しなかったとする考え方に基づいています。

しかし1970年代以降に重要な化石標本が複数発見され証拠が充実してくるにつれて、この考え方が間違いであることが明らかになってきました。今では猿人、原人、旧人、新人という言い方は、なるべく避けるようにしています。

図8は『ネイチャー』誌（2002年7月号）に掲載された図を改変したものです。縦軸には100万年単位の目盛りがあり、図の

下方へ行くに従って時代が古くなります。ゼロの地点（現在）にはヒト（ホモ・サピエンス）とチンパンジーが位置づけられています。ボックスの縦の長さはその種の化石の時間幅を示しており、形態学的にチンパンジーに近いものは右寄りに、ヒトに近いものは左寄りに示されています。化石の学名は、ここでは代表的なものだけを示しています。

†ヒトとサルを分ける手がかり

図の左端にあるヒトと右端にあるチンパンジーのちょうど真ん中あたり、およそ500万〜200万年前頃にはさまざまな化石が混在していますが、これは同じ時代に複数の種がいたということを物語っています。完全な形で発見される化石はほぼ皆無であり、骨や歯のほんの一部が見つかっているだけの場合も多く、限られた情報しかないこともしばしばです。したがって、ここに示されているもののいくつかは同じ種が別種として報告されている可能性も拭えません。しかし、ヒトの特徴とチンパンジーの特徴の中間のような特徴を持つ種が複数誕生し消えていったことは間違いないでしょう。

化石の研究は本当にたいへんで、たいていは骨や歯の一部しか見つかりません。化石から得られる情報は、どうしても断片的にしか私たちの目の前に現れてくれません。十分な証拠がないものの、着目すべきいくつかの情報が得られるものを最大限活用することになります。脳の大きさ、歯の大きさ、二足歩行をしていたか否か、などの情報です。

ヒトであることを決定づける条件は、大脳が大きく、歯が小さく、なおかつ直立二足歩行をしていることです。ですから、まれに下肢の骨や頭蓋骨が見つかると、非常に大きな決め手となります。とりわけ犬歯が他の歯に比べて相対的に大きいと、ヒトの特徴とは反対の特徴を持っていると言えるので、チンパンジー側（右側）に位置づけられることになります。

ゼロ地点に位置しているホモ・サピエンスは、昔の世界史の教科書に載っていた言い方だと新人ということになります。その少し下にあるネアンデルタール人（*Homo neanderthalensis*）、ホモ・ハイデルベルゲンシス（*Homo heidelbergensis*）は旧人です。

そして、ホモ属（ヒト属）の中で古いタイプにあたるものが原人に相当します。ホモ・エレクトス（*Homo erectus*）、ホモ・ハビリス（*Homo habilis*）とありますが、このあたりまでが原人と呼ばれていた段階です。これよりも下にいるアウストラロピテクス属やより右側にいるパラントロプス属などは猿人と言われていました。

この新人、旧人、原人、猿人の分け方は私の知る限り日本独特で、先ほども言いましたが、研究者の間ではもうあまり使わないようにしています。またこの漢字表記はあくまで日本語の漢字表記です。たとえば日本語で「北京原人」と表記する標本を中国語では「北京猿人」と呼んでいるようです。

20世紀初頭、イギリスでピルトダウン人（Piltdown man）という化石が発見されたという報告がありました。大脳はヒト似、顎《あご》周辺はオランウータン似という標本でした。

実のところこれはヒトの頭部の骨とオランウータンの顎部分の骨を組み合わせた捏造《ねつぞう》だったのですが、当時の研究者たちはすっかりだまされ、１９５０年に再調査が行われるまでその事実が発覚することはありませんでした。これは近代科学史上最大のイカサマと言われています。

ご存じの通り当時の学界は西洋中心でした。ヨーロッパではキリスト教を背景とした思想が支配的で、ヒトをヒトたらしめるものは理性であり知性であるとする考え方が優勢であったため、進化の過程において、いつしか脳の発達がヒト化の第一歩と考えられるようになっていました。その先入観のためピルトダウン人の標本を見た時、本物だと思い込んでしまったのです。

現在でも科学分野の捏造問題は大きなニュースとして報じられますが、研究者も思い込みで物事を判断してしまうことは時々あるのです。ピルトダウン人のスキャンダルは今でこそ笑い話になっていますが、現在の私たちにとっても決して他人事ではない事件です。

†猿人の発見――ほぼ完全な骨格ルーシー

その後、猿人の化石が発見されたことにより、進化の過程では二足歩行の方が大脳の容量の増大よりも先に現れたことがわかってきました。１９２４年、世界で初めて猿人の化石が発見され、アウストラロピテクス・アフリカヌス（*Australopithecus africanus*）という学名が付けられました。ただしこれは全身骨格ではなかったため、ヒトとチンパンジーの間に登場した生物であるとは見なされませんでした。

1974年、カリフォルニア大学バークレー校のティム・ホワイト（Tim D. White）の研究グループによりエチオピアで新たな猿人の化石が発見され、アファレンシス猿人（*Australopithecus afarensis*）という名前が付けられました。身長100センチを超える程度で女性と思われる個体であったため、彼女はルーシーと呼ばれました。ティム・ホワイトらが、発掘中か発掘現場から戻って標本を整理している時かに、たまたまラジカセからビートルズの曲「ルーシー・イン・ザ・スカイ・ウィズ・ダイアモンズ」が流れていたため、ルーシーと呼ばれるようになったそうです。

ルーシーはほぼ完全な骨格で発見され、大腿骨と寛骨《かんこつ》（骨盤を形成する骨）の関節の構造から、この個体が直立二足歩行をしていたことが判明しました。今のチンパンジーのような姿で、でも立って、歩いていたと思われます。

タンザニアのラトリエ遺跡には、360万年前の猿人の足跡が残されています。大人と子供、もしくはオス（男性）とメス（女性）が肩を並べて歩いていたと思われる足跡です。猿人が二足歩行していたことを示す証拠と考えられています。

ニューヨークにあるアメリカ自然史博物館では、この遺跡でアウストラロピテクスが2人(2匹ではなく2人と呼ぶことにしましょう)、仲良く肩を抱き合いながら歩いていた様子がジオラマになって展示されています。もちろん想像図であり、この2人が親子だったのか夫婦だったのかは、分かりません。

大英博物館で販売されている人類進化を紹介した絵本の中に描かれたアウストラロピテクスは、直立二足歩行しています。長めの体毛が描かれていますが、そのような体毛があったかどうかは分かりません。これもあくまで想像です。

このようにアウストラロピテクスの良好な化石の発見により、脳の容積は今のチンパンジーとほとんど変わらないのに、直立二足歩行していた動かぬ証拠が得られたのです。

先ほどの図8に戻りますが、アフリカヌス猿人とアファレンシス猿人は真ん中よりは右側、つまりチンパンジー寄りに示されています。彼らは直立二足歩行をしていた点ではヒトに近いけれども、脳は小さくて歯が大きかったので、この位置にくるわけです。

†ラミダス猿人

1994年、諏訪元《すわげん》(東京大学総合研究博物館・教授)らを含む国際調査チームにより、エチオピアでラミダス猿人(*Ardipithecus ramidus*)の化石が発見されました。これはアファレンシス猿人の直接の祖先ではないかと推測されましたが、この段階ではまだ証拠不十分とされていました。

最初の発見以来、この調査チームによる大規模調査で百数十点の骨の化石が見つかり、長い歳月をかけて慎重に解析・復元が行われました。そして2009年10月、アメリカの科学雑誌『サイエンス』に掲載された論文で、ラミダス猿人の化石から全身像の復元に成功したことを発表しました。

このラミダス猿人の性別は女性で、彼女の通称はアルディーです。ラミダス猿人は二足歩行していたと思われますが、足が手と似た構造をしており、物を掴《つか》むのに適していました。よって樹上生活からそれほど離れておらず、木の上に巣をつくって生活し、たまに地上に下りてきて二足歩行で移動していたのではないかと考えられています。

国際調査チームは膨大な資料を集め、ほかの生物の骨片や遺物、あるいは酸素の安定同位体などを分析することにより当時の湿度など古環境の調査も行いました。そこはサバンナのような所だったのでしょうか、それとも森や林のような所だったのでしょうか。サバンナのような場所であれば湿度は低かったでしょうし、森や林のような場所だったとしたら湿度は一定以上に保たれていた可能性が高いです。

この論文では、ウッドランドという言葉を用いて、当時の環境を表現しています。開けた草原に小さな森が点在しているような環境だったと推定されています。猿人はそういった環境で生活し、時には森と森の間を歩いて移動していたのではないかと考えられています。

†チャド猿人

2001年、アフリカ中央部でチャド猿人（*Sahelanthropus tchadensis*）の化石が発見されました。年代は700万〜600万年前と推定され、研究者によって見解が分かれていますが、現時点では世界最古の人類の祖先と考えられています。チャド猿人は比較的大きな犬歯で、チンパンジーに近い特徴を持つため、人類の祖先と考えることに異論を唱える研究者もいるのです。

それではなぜ、これがヒトの系統に近いとされているのでしょうか。私たちヒトの頭蓋骨の底部には大後頭孔という穴が開いており、そこに脊柱（背骨のこと）が関節して大脳と脊髄をつないでいます。チャド猿人の標本では大後頭孔と脊柱とが関節する角度が、チンパンジーより人類に近いことから大脳を背骨で支えていた可能性が高いと考えられました。

よってこの種は直立二足歩行していたと論文では主張されましたが、四肢骨はおろか頸椎（首の骨）も見つかっていないので、直立二足歩行が証明されたわけではありません。

図8ではラミダス猿人もチャド猿人も真ん中より右側（チンパンジー寄り）に位置していま

す。ラミダス猿人もチャド猿人もチンパンジーが立ち上がったような格好をしていたのでしょう。興味深いのは、初期猿人は直立二足歩行をしていたけれど、木登りとの併用期を経て徐々に直立二足歩行へ進化した、という点です。

†ホモ・ハビリス

続いて登場するのがハビリス原人です。かつてはアウストラロピテクス属に分類されていたハビリスですが、現在はホモ属に分類されています。したがって学名はホモ・ハビリスです。つまりこの辺りから私たちと同じホモ属に分類される人類が登場してきます。

ホモ・ハビリスは最初、1960年代初頭にタンザニアのオルドバイ渓谷で発見されましたが、1964年に論文が発表された時には新種としての証拠が不十分であるとされ、あまり評価されませんでした。しかし1970年代になると、リチャード・リーキーという著名な人類学者が脳容量700ミリリットルほどの頭骨化石を発見し、ホモ・ハビリスの存在は世間から認められることとなりました。

大英博物館の図録にある想像図を見てみると、ホモ・ハビリスは道具を使っています。ホモ・ハビリスは最初に道具を使った人類とされており、火も使っていたのではないかと考えられています。このように、ホモ・ハビリスの段階になるとだいぶチンパンジーとは違う生物に進化してきた感じがします。

チンパンジーの脳容積は400ミリリットルほどで、アウストラロピテクスは400〜450ミリリットルほどなので、両者はほとんど変わりません。ホモ・ハビリスの脳容積は700ミリリットルくらいです。私たちホモ・サピエンスの脳容積はだいたい1350〜1450ミリリットルくらいですが、もちろんこれには個人差があります。

ちなみに脳容積は、いわゆる頭の良し悪しとは必ずしも関係ありません。脳容量は知的能力を推定する場合のあくまで指標ですが、ホモ・ハビリスの脳容積が2倍くらいにならなければ私たちホモ・サピエンスの域まで達しません。それでもチンパンジーに比べれば2倍近く大きくなっています。

ホモ・エレクトスと出アフリカ

ホモ・ハビリスに続いて、ホモ・エレクトス（*Homo erectus*）が登場します。中学校の教科書でジャワ原人、北京原人というのが紹介されていたのを覚えている方も多いでしょう。以前はピテカントロプス・エレクトス（*Pithecanthropus erectus*）とシナントロプス・ペキネンシス（*Sinanthropus pekinensis*）とそれぞれ呼ばれ別々の属、種として扱われていましたが、現在はホモ・エレクトスという1つの種に統合されています。

最初の北京原人の標本は1929年に北京郊外の周口店にある洞窟から発掘されたもので、北京協和医科大学の解剖学研究室に保存されていました。しかし、その後行方不明になってしまった謎の多い標本です。

当時日中戦争の激化と日米開戦に伴い、戦火から標本を守る策が議論されました。その最中、金庫にしまわれていた標本は姿を消してしまったのです。北京協和医科大学のアメリカ人職員がアメリカへ持ち去ったとか、日本人が持ち出して今も日本のどこかにあるとか、漢方薬の原料として売り飛ばされたとか、さまざまな噂や憶測が飛び交いましたが、真相は分かりません。もちろんレプリカは存在しますが、今でも北京原人の標本そのものは失われたままです。

ホモ・エレクトスであるジャワ原人と北京原人はともにアジアで発見された100万〜50万年前の化石ですが、もっと古い120万年くらい前の化石がタンザニアでも発見されています。これは、ホモ・エレクトスがアフリカで誕生し、その後アフリカの外に出たことを物語っています。

ホモ・ハビリスを含め、エレクトスより前の人類はアフリカの外へ出た証拠が見つかっていません。ホモ・エレクトスと形態が類似するホモ・エルガスタ（*Homo ergaster*）もアフリカに留まりました。エレクトスやハビリス、エルガスタ以外「まだ発見されていない化石」について議論することはできないので、アフリカの外に出て、アフリカ以外の土地に拡散した最初の人類は、エレクトス段階で、これが人類としての最初の出アフリカ（アウト・オブ・アフリカ Out of Africa）と考えられています。

3 多地域進化説とアフリカ単一起源説

†多地域進化説と脳の2倍化の問題

ヨーロッパではエレクトス段階の人類の化石が見つかっていませんが、ホモ・エレクトスよりもホモ・サピエンスに近い種がいたことが分かっています。ネアンデルタール人として知られるホモ・ネアンデルターレンシス（*Homo neanderthalensis*）で、約30万年前までにヨーロッパに進出したと考えられています。

ネアンデルタール人の骨格からイメージされる彼らの想像図は、現在の私たちよりもややがっしりした感じで描かれることが多いです。解剖学的特徴は明らかに現代人とは異なって見えます。ネアンデルタール人は比較的鼻が高くかつ広く、眉《まゆ》の部分が出っ張っている形質（眼窩《がんか》上隆起《じょうりゅうき》と言います）を持っていました。でも、脳容量は決して小さくありませんでした。むしろ、私たちの平均（1350～1450ミリリットル）よりやや大きい脳容量を持っていました。

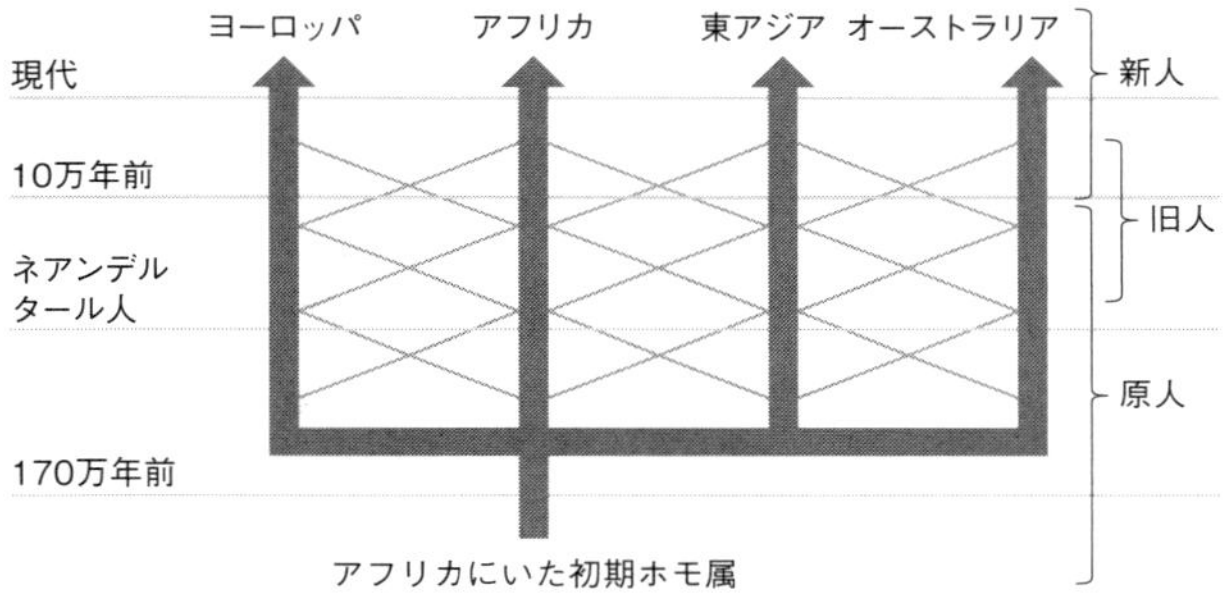

図9a：ヒトの起源についての多地域進化説

ネアンデルタール人の骨格標本はヨーロッパ各地さらに西アジアにかけて数多く発見されています。

ここで、ヒトの起源についての2つの学説を紹介しましょう。多地域進化説とアフリカ単一起源説です。多地域進化説というのは、約170万〜70万年前に初めてアフリカから出てきたホモ・エレクトスが、それぞれの地域でホモ・サピエンスに進化したという考え方です（図9a）。これが本当であれば現代の日本人は北京原人から進化したことになりますし、東南アジア人はジャワ原人から進化したことになります。

多地域進化説では、アフリカから出てきた集団間で頻繁な混血が起こったと仮定しています。図9aで太い上向きの矢印の間を細い線が斜め格子状につないでいますが、その頻繁な混血を表現したものです。

前出のようにホモ・エレクトス段階の脳容量は700ミリリットルほどですが、ホモ・サピエンスではこれがほぼ倍になります。多地域進化とは、この脳容量の2倍化が、ユーラシア大陸全体とインドネシアのジャワ島にまたがる複数の地域で独立して起こったことを意味します。

しかし、これほどの大きな進化が地球上の複数の地域で独立して起こることはほぼあり得ません。脳の大きさを決定づける遺伝子に変異が起こり、脳の2倍化が起こったわけですが、それはある特定の集団の中のある個体で起こったと想定されるので、混血によってその遺伝子の変異が各地域にばら撒《ま》かれたと考えなければ多地域進化を説明することは不可能です。

このように多地域進化説では、複数の地域で複数回の混血が起きたと考えざるを得ません。いま考えるとけっこう無理がある学説ですが、私が大学院に入った当時は、この多地域進化説が自然人類学者の間では人気がありました。北京原人やジャワ原人の化石に見られる形態学的特徴が、現代の東アジア人やオーストラリア先住民にも残っていることが何よりの証拠と考えられていたからです。

多地域進化説が正しければ私たちアジア人とヨーロッパ人、アフリカ人などは170万〜70万年ほど前に分かれた遠い親戚同士ということになります。

†アフリカ単一起源説と2回目の出アフリカ

これに対するのがアフリカ単一起源説です(図9b)。ホモ・エレクトスは約170万〜7

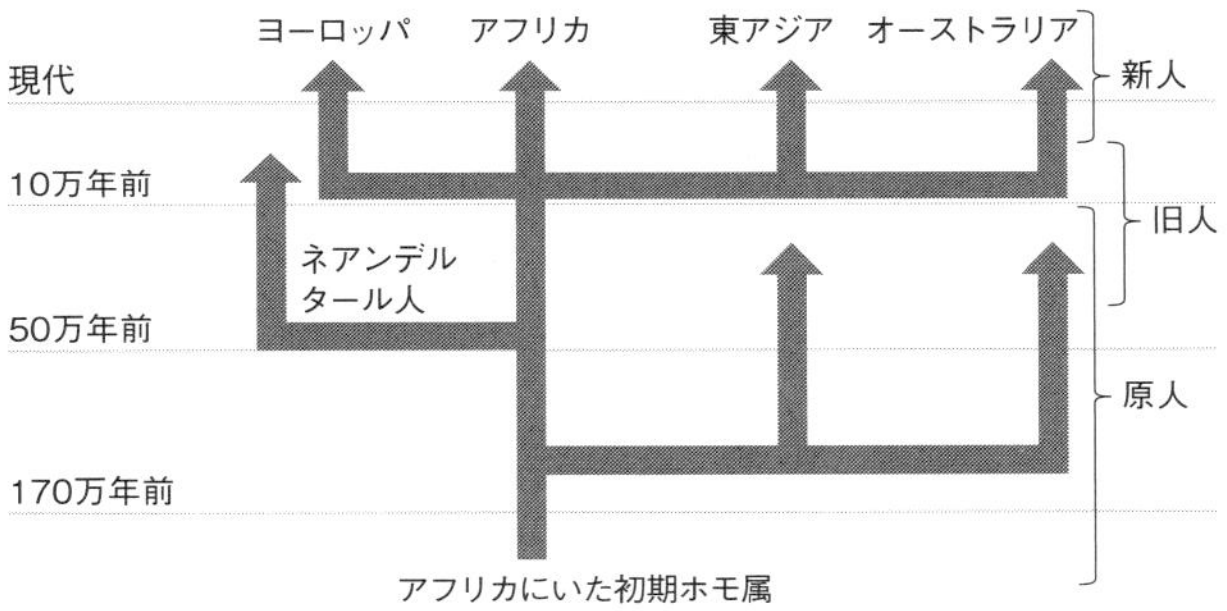

図9b：アフリカ単一起源説

0万年前に一度アフリカを出ましたが、各地域でいったん絶滅してしまいました。その後アフリカでホモ・サピエンスという新種が誕生し、10万年前以降、最近では7万～6万年前くらいと考えられていますが、アフリカを出て世界各地へ拡散した、というのがアフリカ単一起源説です。つまりこの説では、2回目の出アフリカが起こったと考えます。

アフリカ単一起源説によれば、現在の私たちはアフリカで誕生した新種の子孫ということになります。私が大学院生だった1990年代前半には、まだこれら2つの学説をめぐって侃々諤々《かんかんがくがく》の論争が続いていました。

現在ではアフリカ単一起源説の方が正しいとされています。私たちとヨーロッパ人、アフリカ人などは、ここ10万年以内に分かれた親戚同士です。つまり約170万～70万年前に起こった1回目の出アフリカではなく、約7万～6万年前に起こった2回目の出アフリカが分岐点となります。

アフリカのジャングルで偶然出会う2頭のチンパンジーの遺伝的違いは、アフリカ大陸のヒトと日本列島人との違いよりも大きいという話を先にしましたが、アフリカ単一起源説が正しければ、不思議なことではありません。

東アジア人とアフリカ人の間にも、つまりホモ・サピエンス同士でももちろん遺伝的な違いが見られますが、人類学的にはごく最近に地球上に広まったため、その違いは小さく、それほど離れていません。チンパンジーはホモ・サピエンスがアフリカ大陸からユーラシア大陸へ広まるずっと前からアフリカに住んでいて種としての歴史が長いため、同じアフリカに住んでいる2個体でも、お互い遺伝的により離れているのです。

†「ノアの箱舟」と出アフリカ

2回目のアウト・オブ・アフリカ（出アフリカ）は現生人類の起源で、本書のテーマでもあります。今までは化石に基づく話をしてきましたが、ここからはDNAを調べて分かることを話しましょう。

DNAレベルでの調査により、10万年前以降、約7万〜6万年前に2回目の出アフリカが起きたことが分かりました。地球の歴史が40億年、生命の歴史が35億年と言われています。そのタイムスケールからすると、10万年はごく最近です。チンパンジーと人類の共通祖先がいたのが700万〜600万年前なので、それと比べても私たちがヨーロッパ人、アフリカ人などに分かれたのはつい最近のことです。

アフリカ単一起源説は「ノアの箱舟説」とも呼ばれました。アフリカ単一起源説では、アフリカで新たに誕生した新種であるホモ・サピエンスが世界中に広まって、それ以前に各地に住んでいたホモ・エレクトスは絶滅したことになります。これは『旧約聖書』に出てくるノアの箱舟の物語と似たプロットがあります。

ノアの箱舟のあらすじは、だいたい次の通りです。神は地上に増えた人々が悪を行っているのを目にして、預言者であるノアに「洪水をもってこれを滅ぼす」と告げ、箱舟の建設を命じました。ノアは立派な箱舟をつくり、「これから洪水が起こるから、みんな乗りなさい」と言いました。洪水は40日間続き、水は150日間勢いを失いませんでした。ノアの一族と箱舟に乗った全ての動物たちだけが洪水を免《まぬが》れ、それ以外の人々は全て滅びました。

滅びた種族がホモ・エレクトス、箱舟に乗って生き残った種族がホモ・サピエンス、という構図です。欧米の研究者はキリスト教やユダヤ教の文化圏の出身者が圧倒的に多いですから、このような物語が比喩的に使われるのでしょう。そう言えば、出アフリカという言葉も、『旧約聖書』の「出エジプト記」になぞらえています。

†ミトコンドリア・イヴ仮説

DNAの分析結果を根拠にアフリカ単一起源説の方が正しいことを最初に主張したのは、1980年後半に登場した「ミトコンドリア・イヴ仮説」です。五大陸に住む現生人類147名のミトコンドリアDNAを調べたところ、20万～10万年前にアフリカで新たに誕生し、世界中に拡散した種であると推定されました。つまりアジア人もヨーロッパ人も、全ての現生人類はアフリカで誕生した共通の祖先「ミトコンドリア・イヴ」の子孫ということになります。

前章でも述べたように、ゲノムDNAの大半は細胞核の中に含まれていますが、ミトコンドリアという細胞内小器官の中にも、ミトコンドリア独自のDNAを持っています。ミトコンドリア自身がミトコンドリアたり得るために必要な遺伝情報を持っており、自分自身で複製し、増殖するわけです。

これも先述のとおり、ミトコンドリアは母性遺伝します。精子と卵子が合体して受精する時、精子に含まれる1セットの染色体と卵子に含まれる1セットの染色体は対になって受精卵となりますが、ミトコンドリアは、卵子の細胞内のものだけが残り、精子の側のミトコンドリアは排除されてしまうからです。

常染色体は、受精卵が成長して次の生殖細胞を作る時には、父方由来の染色体と母方由来の染色体が混ぜられた上で分裂して精子や卵子になります。この混ぜる過程を「組換え」(recombination)と言います。ある遺伝子に着目し祖先を遡って調べようとしても、片方の親の系統が持っていたタイプと、部分的にまたは全体に組換えが起こることがあるので、祖先を辿ることが難しくなるのです。

その点、ミトコンドリアDNAは母方のものだけが受け継がれるため、2つの系統が混ざることがありません。ミトコンドリアDNAの遺伝子を遡っていくことは、家系図を遡って見ていくようなもので、女性の系統を辿っていくことになります。こうしたアイディアを基礎に、ミトコンドリア・イヴ仮説が打ち立てられました。

†ミトコンドリア・イヴ仮説の詳細

1987年、カリフォルニア大学バークレー校のアラン・C・ウィルソン(Allan C. Wilson)は、レベッカ・キャン(Rebecca L. Cann)、マーク・ストーンキング(Mark Stoneking)とともに、ミトコンドリア・イヴ仮説の論文を発表しました。

マーク・ストーンキングは、私がポスドク(博士号を持ち一定契約期間で働く研究員)時代にドイツのマックス・プランク進化人類学研究所に在籍していた際の直接の上司でした。彼はアメリカ人で、カリフォルニア大学バークレー校にいた時にアラン・C・ウィルソンのもとで研《けん》

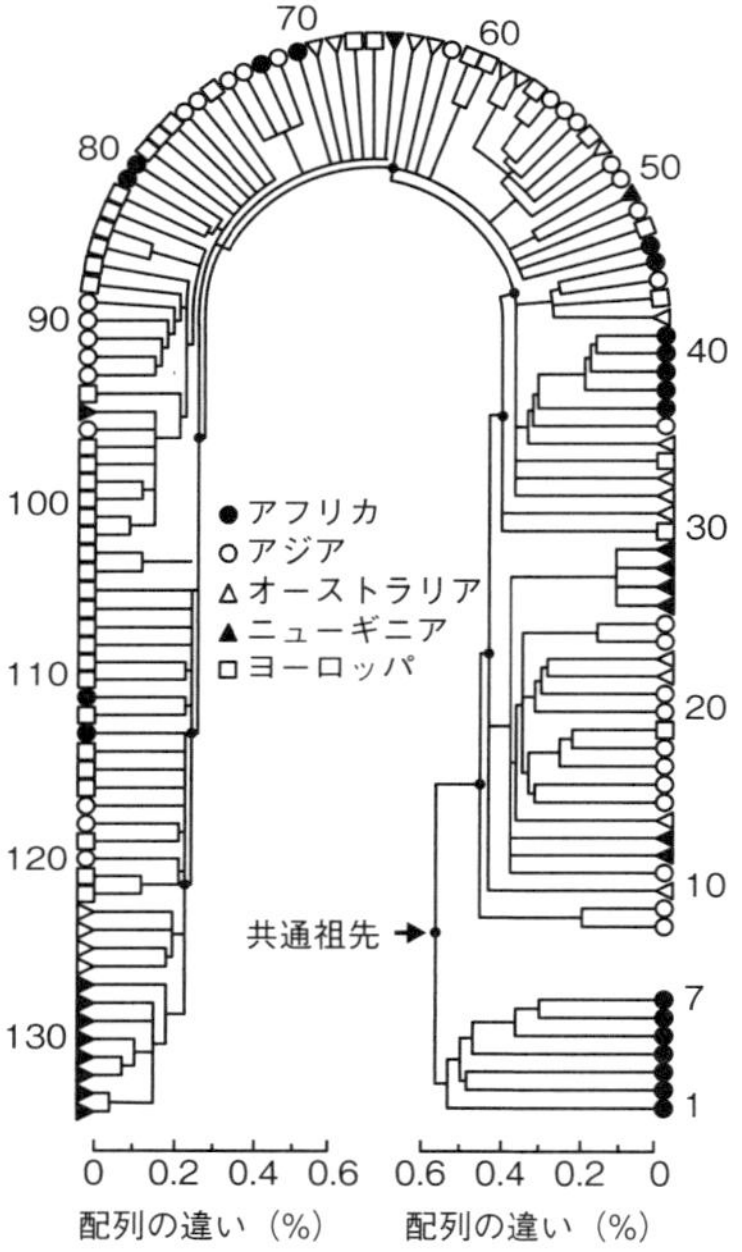

図10：五大陸に住む147人のミトコンドリアDNAをもとに作成した系統樹

鑽《さん》を積みました。師匠にあたる故アラン・C・ウィルソンは、分子進化学という学問領域を確立した天才的な科学者です。ニュージーランド出身で、アメリカで長らく研究生活を送っていましたが、１９９１年に56歳という若さで亡くなっています。

ミトコンドリア・イヴ仮説について説明します。ミトコンドリアＤＮＡの情報をもとに作成された系統樹から見ていきましょう（図10）。図を馬蹄《ばてい》形にしてあるのはあくまでコンパクトに収めるためであり、便宜上の工夫に過ぎません。

この系統樹は五大陸の147人のミトコンドリアDNAの系図です。147人から133のタイプが見つかり、1から順に番号が振られていますが、順番には意味はありません。図の下にある定規（スケール）[*4]は、遺伝的な距離を示しています。133タイプはそれぞれ、●がアフリカ出身者、○がアジア出身者、△がオーストラリア先住民、▲がニューギニア出身者、□がヨーロッパ出身者を表しています。それぞれの遺伝的な近縁関係を枝で結んで表しています。

系統樹の右下の部分（1〜7）には●ばかり固まっていますが、それ以降の部分（8〜133）には●以外もあります。つまり●ばかりの部分はアフリカ出身者のみですが、それ以降の部分にはそれ以外の地域出身者も含まれています。これは、ミトコンドリアDNAから見た地球上のヒト全体の多様性が、アフリカ出身の人々の多様性の中に収まることを意味します。小

＊4　この論文が出版された当時は今ほどDNAの塩基配列を読むのが簡単ではなかったので、レベッカ・キャンたちは、RFLP（Restriction Enzyme Length Polymorphisms）を調べる方法を取りました。これは、制限酵素（Restriction Enzyme）というバクテリア由来の酵素を使ってDNAを切断し、その切断された長さの違い、すなわち多型を調べるやり方です。この方法だと、塩基配列を読むよりも大雑把にしか多型を分けることができないので、147人から133タイプしか見つけることができませんでした。もし、147人のミトコンドリアDNAを全て読めば、おそらく147タイプの配列が見つかるはずです。

学生の算数で習う部分集合にあたります。アフリカ出身者以外の人々は、アフリカ出身者の部分集合だということです。

つまり、アフリカ出身者のミトコンドリアDNAがもっともバラエティーに富んでいて、それらの一部や派生型がアフリカ以外のヒトのミトコンドリアDNAのタイプになっているわけです。これが「現生人類（ヒト）の起源はアフリカにある」と考える第一の根拠となります。

アフリカ出身者のみを含むクラスター（塊）とそれ以外の集団も含むクラスターは、7と8の間で分岐しています。この分岐の年代を計算すると、20万〜10万年前という数字が算出されます。この年代が200万〜100万年前であれば、この133タイプの共通祖先はホモ・エレクトスにまで遡ることになります。しかし、20万〜10万年前に147人の共通祖先がいたということは、この系統樹が、2回目の出アフリカの痕跡を映し出していることを物語っています。これがアフリカ単一起源説を支持する第二の根拠となっています。

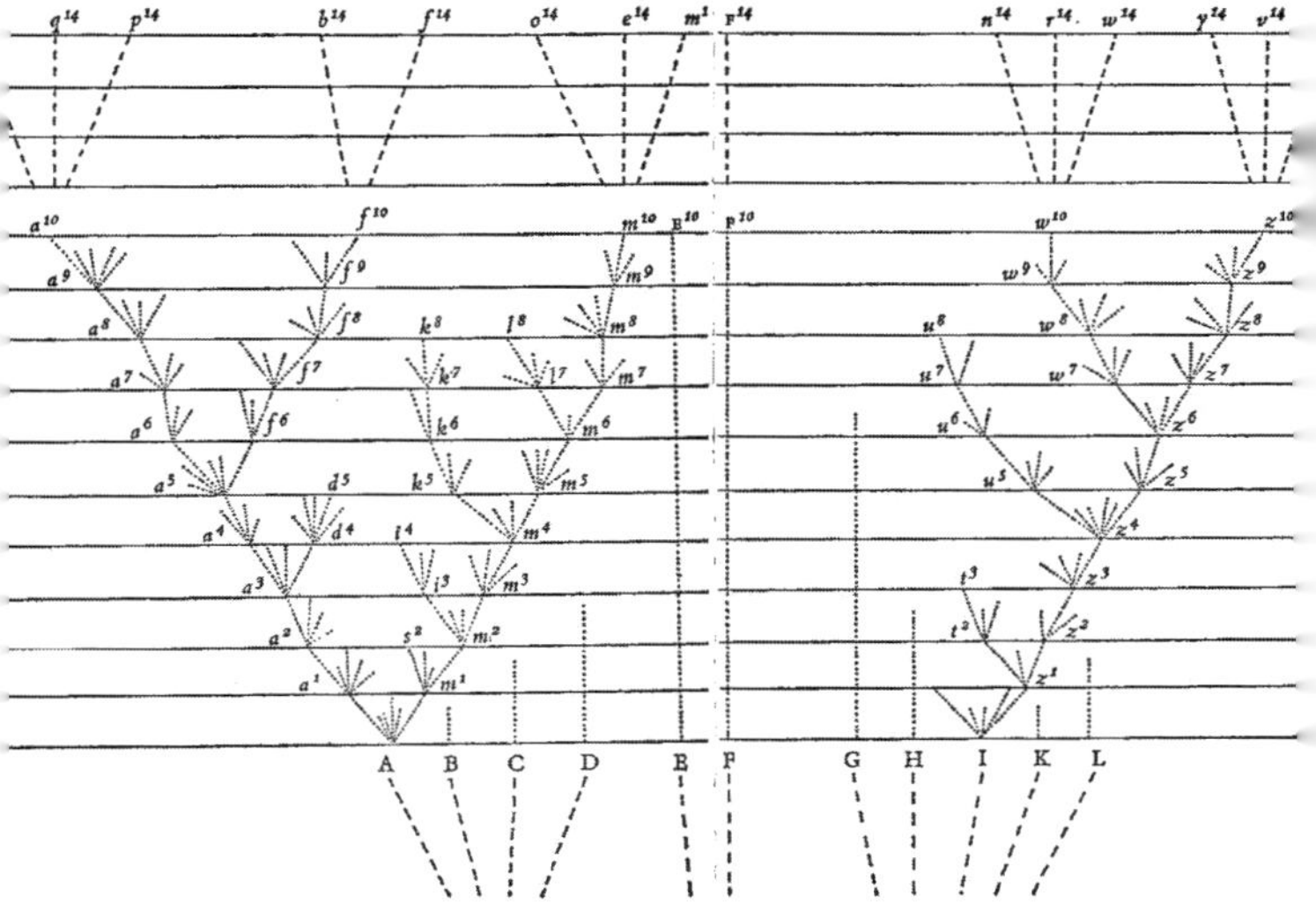

第３章
遺伝子の系統樹から祖先をさぐる

ダーウィン『種の起原』に登場する生物の樹形図

1　DNA配列から描く系統樹の基礎

†系統樹とは何か

ミトコンドリアDNAの情報をもとにした系統樹により、アフリカ単一起源説が強く支持されたことを前章では見てきました。

しかし西欧文明において、人類の歴史は長らくヨーロッパ人中心に描かれてきたため、その起源がアフリカにあるというニュースはとりわけヨーロッパ系の人々に大きな衝撃を与えました。肌の色の黒いアダムとイヴが描かれた当時の『ニューズウィーク』誌の表紙は、その衝撃を物語っています。

その後、ミトコンドリアDNAのみならず、男性の系統を示すY染色体でもアフリカ単一起源説を支持する結果が出ました。このようにアフリカ単一起源説を証明する根拠が徐々に増えていきました。

ところで、こうした証拠として示される系統樹とはいったい何なのでしょうか？　チャールズ・ダーウィン（Charles R. Darwin、1809〜1882）の影響を受けた19世紀ドイツの生物学者、エルンスト・ヘッケル（Ernst H. Häckel）が著書の中で「生命の樹」と称する図を示しています。樹の枝の一番上にヒト（Menschen）が位置しています。万物の霊長たるヒトが樹の頂上に位置しているというのは極めて西欧的ですが、そのすぐ下にゴリラ、オランウータンとあります。当時も、これら類人猿はヒトと近い関係にあると考えられていたようです。「生命の樹」は1本の木の幹が枝分かれしていくさまに擬して、生命の進化のプロセスを描いたものです。

チャールズ・ダーウィンは出版こそしていませんが、手書きの系統樹をノートに残しています。これは一見すると現在の分子進化学の言葉でいうところの「ネットワーク」のようですが、木に近い形状で生命の関係性を描いています。また『種の起原』（*The Origin of Species*）にも生物の系統樹のようなものが描かれています。系統樹のようなもの、というのは、地層が描かれて、その各地層に出てくる生物種を記し、似た関係にあるものを線でつなげてある図です。チャールズ・ダーウィンは生物学者であると同時に地質学にも詳しい人でしたので、このような図を思いついたのでしょう。各地層に出てくる生物の化石を似ているもの同士でつなげると木の枝のようになります。それがちょうど進化の道筋を示す系統樹のような形になります。

現在では、遺伝子のデータから系統樹を作成することができます。第1章で述べたとおり、遺伝子とはゲノムすなわち遺伝情報の総体における1つの単位であり、個々の遺伝子にはそれぞれ系統樹が存在します。遺伝子Aの場合は5世代前に遡ると共通の祖先がいて、遺伝子Bの場合は7世代前に遡ると共通の祖先がいる、という具合に遺伝子によって進化の歴史が異なるため、個々の遺伝子の系統樹が必ずしも種《しゅ》の系統関係を表しているとは言えません。できるだけ多くの遺伝子の情報を集め、それを統合した系統樹が、種の真の系統関係に近づくと予想されます。

先に述べたように、ミトコンドリアＤＮＡとＹ染色体はそれぞれ男女一方の系統にしか伝わっていかないため、家系図のようなものを書くことができます。この特性に着目し、アラン・Ｃ・ウィルソンはミトコンドリアＤＮＡを調べることを思いつきました。

ただし、繰り返しになりますが、遺伝子の系図はそのまま種の系統関係を表しているわけではありません。同じ遺伝子同士の関係を表しています。たいてい、種の分岐よりも遺伝子の分岐の方が古く、したがって遺伝子の分岐年代を計算して出てきた値より、種の分岐年代の方が新しいのが通常です。

ふつう私たちが知りたいのは種や集団の〝真の系統樹〟です。それはデータを増やすことによって、よりもっともらしいものにはなりますが、タイムマシーンでもない限り、１００パーセント正しいと断定できる系統樹が得られることはありません。つまり〝真の系統樹〟は基本的に不可知です。しかしあらゆる遺伝情報を駆使し、真実に近い系統関係を推定することはできます。後で話しますが、現在は全ゲノム解析が比較的安価に早く可能になったので、膨大な情報から生物種間の関係、種内の集団間の関係をかなり真実に近いと思われるレベルで推定できるようになっています。

†系統樹の作成法

やや専門的な話になりますが、ここで少し系統樹の作成法について解説します。系統樹作成法の基礎には数理論があるため、教科書などでは数式を用いて説明されています。しかし本書では、そういう数式などを極力示さないで説明しようと思います。

系統樹を作成するには多くの方法がありますが、それらは最大節約法・距離行列法・最尤法《さいゆうほう》という3つの方法に大別できます。

最大節約法は英語でマキシマム・パーシモニー・メソッド（Maximum Parsimony Method）と言います。近代科学における原則の1つに「説明が少なければ少ないほど真実に近い」という考え方があります。系統樹は進化の道筋を示すものですが、その道筋の説明のステップが最も少ないものを選ぶのが最大節約法で、わりと幾何学的な手法です。

しかしこれをやろうとすると、実際のデータでは合わないことが多いのです。そこで辻褄を合わせるために、より代数学的な方法がとられます。それが、距離行列法（Distance Matrix

Method）や最尤法（Maximum Likelihood Method）です。前者はどちらかと言えば算術的な手法で、後者はより統計学的な手法です（詳しくは斎藤成也著『ゲノム進化学入門』、根井正利著『分子進化遺伝学』〈参考文献14、31〉を参照）。

†一番少ない説明で樹を描く＝最大節約法

ここでは架空のＤＮＡの配列から、最大節約法に近い系統樹を導き出してみましょう。まず、架空の配列ア～コという10個の塩基配列を用意します（図11ａ）。明朝体で書かれた部分は同じですが、グレーの枠を付けた部分は互いに異なります。

たとえば左端から8番目の塩基を見てみると、配列アはG、配列イ～エではA、配列オ・カはG、配列キ～コはAになっています。このように塩基配列には配列同士で互いに違っている箇所と、同じ箇所があります。明朝体で書かれた塩基の箇所をinvariant sitesと言います。適切な日本語訳がないのですが、本書では「不変サイト」と呼ぶことにします。これら不変サイトをコンピューターの画面上で削除すると、配列ア～コの全てで10個の文字が残ります（図11ｂ）。これらをvariant sitesといいます。本書では「変異サイト」と訳すことにします。

最大節約法ではこの変異サイトの情報をもとに、配列同士のネットワークを描いていきます。この時点で左から4番目のサイトを見ると配列カだけがGで、そのほかは全てAです。5番目のサイトを見ると配列キだけがCで、そのほかは全てTです。4~8番目のサイトのように、1つの配列だけが異なる文字を持つような、そういうサイトのことを「シングルトン」(singletons)と言いますが、これはひとまず考えないことにします。

配列ア	CCTCATAGGGTCTATCCTCAAAGTCAGATATCTCGGCGCTTAATCAACGCCCCAAAAGATAT
配列イ	CCTCATAAGGTCTATCCTCAAAGTCAGATATCTCGGCGCTTAATCAACGCCCCAAAAGATAT
配列ウ	CCTCATAAGGTCTACCCTCAAAGTCAGATATCTCGGCGCTTAATCAACGCCCCAAAAGATAT
配列エ	CCTCATAAGGTCTACCCTTAAAGTCAGATATCTCGGCGCTTAATCAACGCCCCAAAAGATAT
配列オ	CCTCATAGGGTCTACCCTTAAAGTCAGATATCTCGGCGCTTAATCAACGCCCCAAAAGATAT
配列カ	CCTCATAGGGTCTATCCTCAAAGTCGGATATCTCGGCGCTTAATCAACGCCCCAAAAGATAT
配列キ	CCTCATAAGGTCTATCCTCAAAGTCAGATACCTCGGCGCTTAATCAACGCCCCAAAAGATAT
配列ク	CCTCATAAGGTCTATCCTCAAAGTCAGATATCTTGGCGCTTAATCAACGCCCCAAAAGATA-
配列ケ	CCTCATAAGGTCTATCCTCAAAGTCAGATATCTCGGCGCTTAATCATCGCCCCTAAAGATAT
配列コ	CCTCATAAGGTCTATCCTCAAAGTCAGATATCTCGGCGCTTAATCAACGTCCCCAAAGATAT

図11ａ：架空の塩基配列

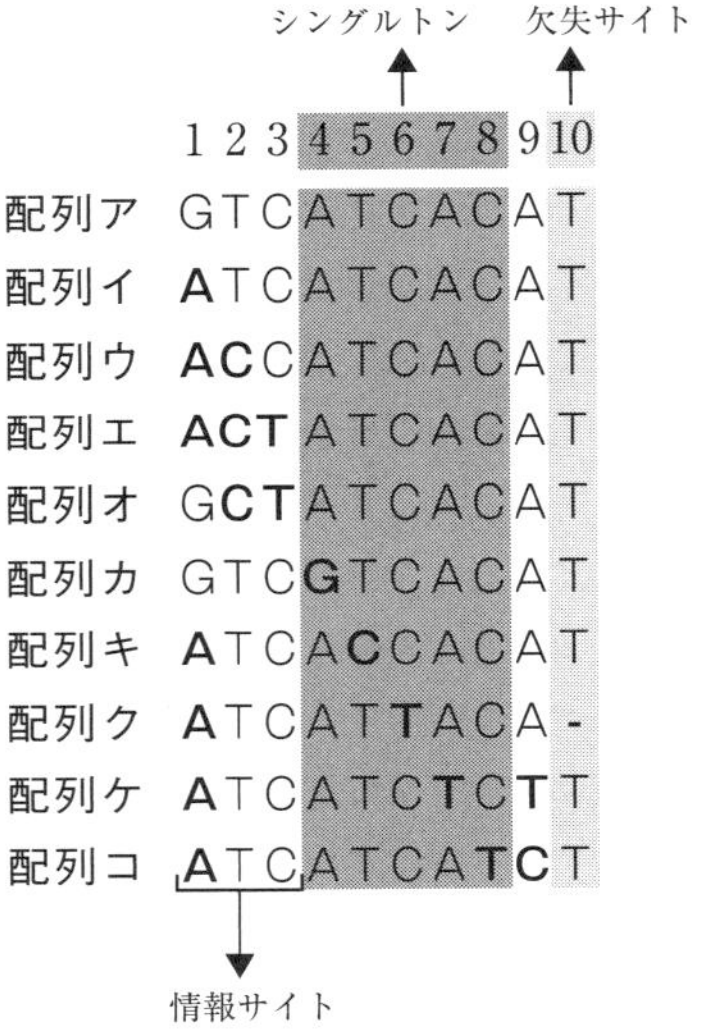

図11b：図11aから不変サイトを削除し、変異サイトのみを残したもの

また10番目のサイトを見ると、配列クの文字が抜けています。このように欠失した部分を「欠失サイト」(deletion site) と言いますが、これもとりあえず考えないことにします。

1つ戻って9番目のサイトを配列ア～コまで順に見ていくと、配列ア～クはAですが、配列ケはT、配列コはCとなっています。このように、ほかのサイトと違いこのサイトでは3つの文字が出てきています。こういうサイトも煩雑であるため、とりあえず見ないことにします。

そして残った3つのサイト（1～3番目）を「情報サイト」(informative sites) と言います。これは文字通り配列間の系統を推定する情報を持っているサイトという意味で、これをもとに配列同士のネットワークを描いていきます。

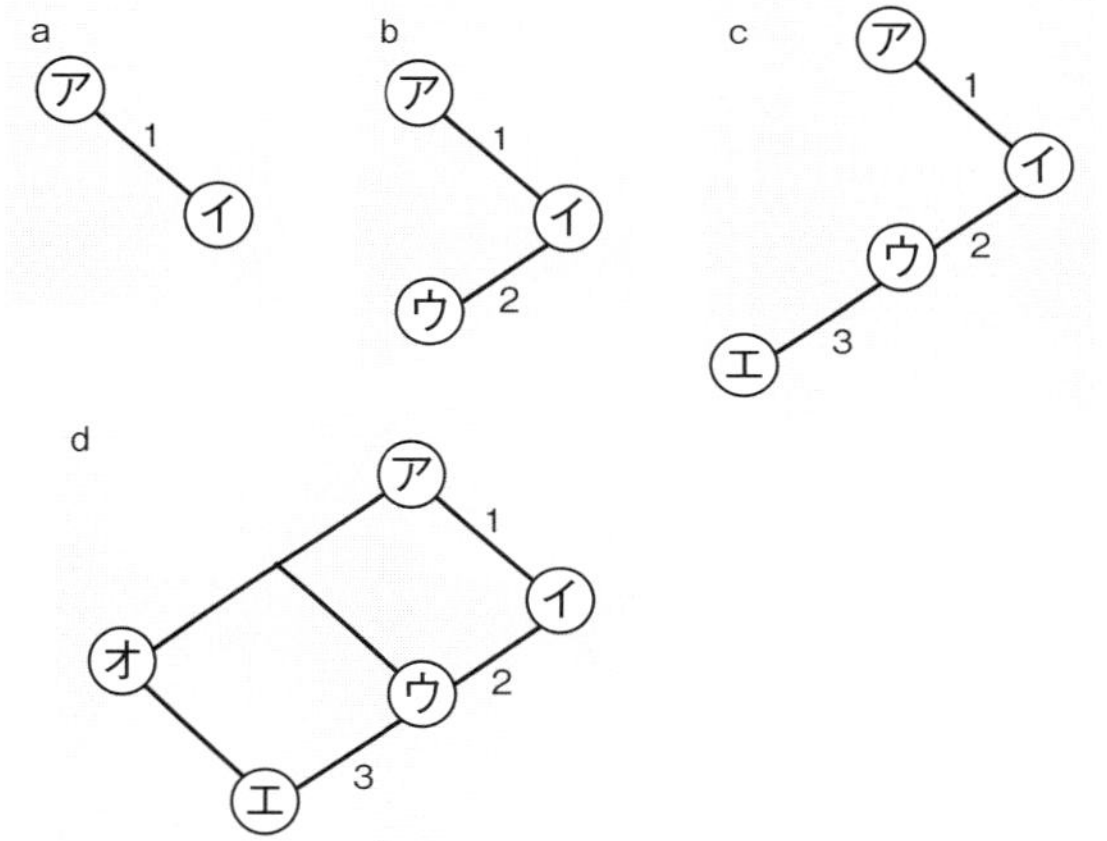

図12：情報サイトをもとに描いたネットワーク

†情報サイトからネットワークをつなぐ

まず1番目を見ると配列アはG、配列イはAとなっています。ここで配列ア・イを線でつなぎ、線の上に1と記します（図12のa）。線の上に記された数字は、文字が異なるサイト番号を示します。1と記してあれば1番目、2と記してあれば2番目のサイトが異なるという意味です。

続いて配列イとウを見ると、1番目のサイトはイ・ウともにAですが、2番目のサイトはア・イがTであるのに対してウはCになっています。そのためイとウを線でつなぎ、線の上に2と記します（図12のb）。これは、イとウは2番目のサイトで違っているという意味です。

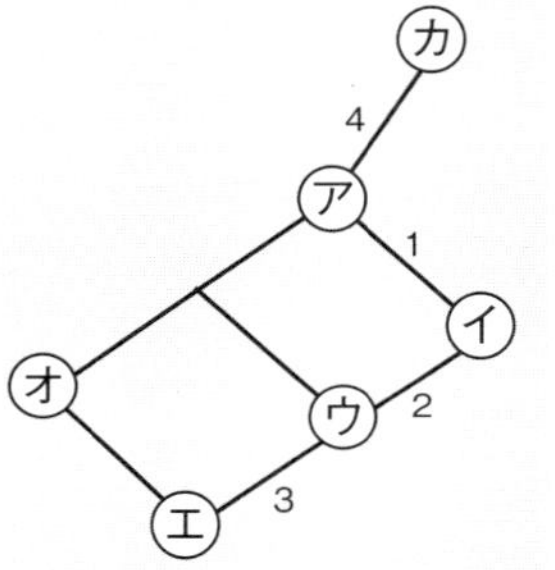

図13ａ：シングルトンの１つを加えた場合

配列ウ・エを見ると3番目のサイトはア・イ・ウがCであるのに対して、エはTになっています。そのためウとエを線でつなぎ、線の上に3と記します（図12のｃ）。これは、ウとエは3番目のサイトで違っていることを示します。

さらに配列オを見ると1番目のサイトはアと同じGですが、2番目はC、3番目はTでエと同じです。そのためオからア・エの両方に線を引きます（図12のｄ）。オとエは1番目のサイトで違っています。これはワン・ステップの違いですが、オとアは2番目と3番目のサイトのツー・ステップで違っていることを示しています。

さらに続いて、先ほど対象外としたサイト（4〜10番目）を見ていきましょう。まず、1つの配列だけが異なる塩基を持つシングルトンの情報を付け足していきます。

配列カは、4番目のサイトがGである以外は配列アと同じであるためアと線でつなぎ、線の上に4と記します（図13ａ）。

配列キは、5番目のサイトがCである以外は配列イと同じであるためイと線でつなぎ、線の上に5と記します。配列クは、6番目のサイトがTである以外は配列イと同じであるためイと線でつなぎ、線の上に6と記します。配列ケ・コについても同様にイと線でつなぎ、線の上にそれぞれ7、8と記します（図13b）。

このようにして順につなぎ合わせたネットワークが、最大節約法で描かれる系統樹のもとになると考えていただけばよいでしょう。

配列情報以外の生物学的情報があって、配列アが祖先タイプだと仮定しましょう。配列の進化は、配列アに変異が1つ入ることから始まります。ここでは1番目のサイトに変異が入り配列イが誕生します。この配列イを持つ個体が子孫を残します。何世代かを経るうちに配列イにいくつかのパターンで変異が生じ、配列ウ、キ、ク、ケ、コとなります。配列ウの子孫にまた変異が生じ、配列エが生まれます。

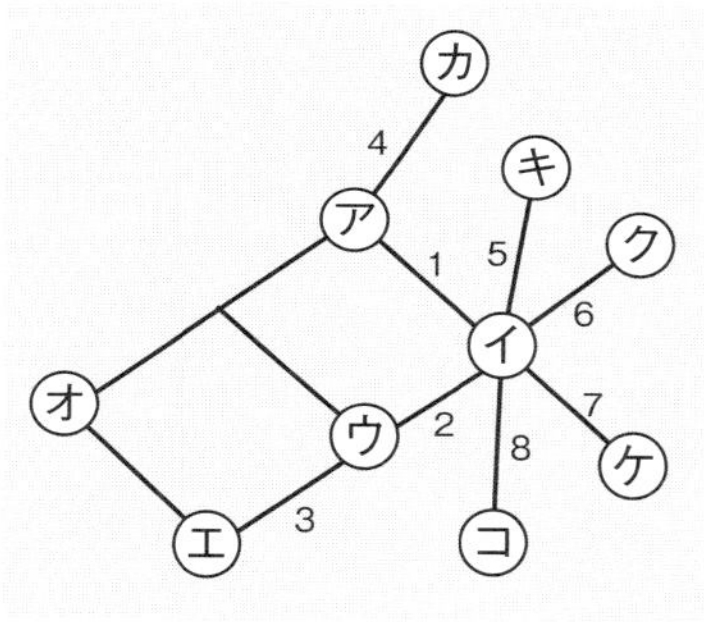

図13b：シングルトンのすべてを加えた場合

進化の道筋が分からない部分

このように、塩基が1つ変化する（変異が起こる）たびにワン・ステップずつ枝を伸ばしていき、ネットワークを作っていきます。配列の進化の道筋を視覚的に表しているわけです。

ところが、配列オは配列エにさらに変異が起こって生まれたのか、配列アに変異が2回起こって生まれたのか分かりません。このように進化の道筋を決めることができない部分は四角形で表され、網状ネットワーク（reticulation）と呼ばれます。

どのように進化したのか分からない部分は四角形で表されると言いましたが、これは生物学的に考えるとどういうことなのでしょうか。配列エに変異が起こって配列オが生まれたと考えると、1番目のサイトがGからAになった後に再びAからGになることを意味します。DNA上に起こる変異は全てDNA複製の際に起こったエラーです。同じ場所で、2回エラーが起こった、しかも、元の塩基に戻るエラーが起こったことを意味します。これをバック・ミューテーション（back mutation）と言います。

あるいは配列アに変異が2回起こったと考えると、配列イに変異が起こった2番目と3番目のサイトに配列アでも変異が起こって配列オが生まれたことになります。つまり配列アの1番目のサイトに変異が起こって生まれた配列イと、配列アの2つの配列で、独立して2番目と3番目の変異が起こり、配列エと配列オが生まれたことを意味します。このように2つの独立した配列に、並行して変異が起こることをパラレル・ミューテーション（parallel mutation）と言います。

バック・ミューテーションもパラレル・ミューテーションも理論上起こり得ますが、突然変異率（mutation rates）が非常に高くないと、偶然に同じ場所でこれらの変異が起こるとは考えにくいです。ヒトゲノムの場合35億塩基対あるのに、人類の進化という短い時間、たとえばホモ・サピエンスが誕生してから10万年くらいの時間を仮定した場合、同じ場所に変異が偶然2回も起こるとは考えにくいです。では、他にどういうことがあり得るかというと、組換えがあります。

前章で述べたように、生殖細胞が作られる時、父方由来の染色体と母方由来の相同な染色体が混ぜられます。この染色体が混ざる過程が組換えですが、組換えが起こると、それまでの配列の進化の道筋とは明らかに異なる道筋のパーツが挿入されるので、このような網状ネットワークが生じるのです。

組換えが起こるゲノム領域を調べてこのような網状ネットワークが観察されたら、それは過去に起きた組換えの痕跡と考えて間違いありません。

ミトコンドリアＤＮＡを調べてこのような網状ネットワークが観察された場合は、バック・ミューテーションかパラレル・ミューテーションの可能性が高くなります。ミトコンドリアＤＮＡでは、原則的に組換えを起こさないと考えられていますし、ゲノムサイズが１万６５００塩基と小さく、しかも突然変異率が核ゲノムよりもずっと高いことが知られています。突然変異率が高いため、偶然同じ場所でバック・ミューテーションかパラレル・ミューテーションが起こったと考えるのが妥当です。

†樹の形にすることを優先する＝距離行列法

DNAの配列情報をもとにこうしたネットワークを描けることは納得していただけたと思いますが、これでは樹が枝を伸ばしている形には見えません。系統樹というからには樹の形をしている方が分かりやすいでしょう。配列ウ、エ、オを除けば、なんとなく樹の形に見えそうな感じがします。じゃまなのは網状ネットワークの部分です。この網状を解消し樹の形にするには、どこか適当なところで枝を切ることになります。何か他の生物学的な情報から、「この枝は絶対におかしい」というのがあれば、それを切ればよいのですが、特にそういう情報がないことが多いのです。

距離行列法（Distance Matrix Method）を用いて樹を描くのであれば、こうした問題は生じません。距離行列とは、配列間の距離の行列です。配列間の距離は、2つの配列間で異なる塩基数（n_d）を比較される塩基の総数（n）で割ると、塩基サイトあたりの塩基置換数（p）が導き出されます（$p = n_d/n$）。この単純な塩基置換数の違いの割合をp-distanceと言います。p-distanceはもっとも単純なやり方で配列間の距離を計算したものです。

では先ほど見ていた塩基配列に戻って説明しましょう。たとえば、配列アと配列イを比較すると、10個の情報サイト（informative sites）のうち、1つの文字が異なります。配列アと配列ウでは2つの文字が異なり、配列アと配列エでは3つの文字が異なります。さらに配列アと配列オでは、2つの文字が異なります。これらを全てカウントしていくと、図14aのようなマトリクス（行列）ができます。

この図14aでは配列間総当たりで、異なる塩基数（文字数）を表しています。10個の塩基配列を比較しているため、2つの配列間で異なる塩基数を10で割った値がp-distanceとなります（図14b）。

†一番簡単な枝のつなぎ合わせ方＝平均距離法

距離行列法ではこの行列をもとに系統樹を描きます。同じ距離行列に基づいて、いくつかの系統樹作成法が考案されています。過去30年あまりで世界中でもっともよく使われているのは近隣結合法（Neighbor Joining Method）です。でも一番簡単なのは平均距離法（ＵＰＧＭＡ Unweighted Pair-Group Method with Arithmetic mean）です。本書では、この平均距離法について説明し、距離行列から系統樹を作成するイメージだけ理解してもらえたらと思います。

その前に、ここでＯＴＵという概念を紹介します。ＯＴＵとはOperational Taxonomic

	配列ア	配列イ	配列ウ	配列エ	配列オ	配列カ	配列キ	配列ク	配列ケ
配列ア									
配列イ	1								
配列ウ	2	1							
配列エ	3	2	1						
配列オ	2	3	2	1					
配列カ	1	2	3	4	3				
配列キ	2	1	2	3	4	3			
配列ク	3	2	3	4	5	4	3		
配列ケ	3	2	3	4	5	4	3	4	
配列コ	3	2	3	4	5	4	3	4	4

図14ａ：配列間総当たりの異なる塩基数

	配列ア	配列イ	配列ウ	配列エ	配列オ	配列カ	配列キ	配列ク	配列ケ
配列ア									
配列イ	0.1								
配列ウ	0.2	0.1							
配列エ	0.3	0.2	0.1						
配列オ	0.2	0.3	0.2	0.1					
配列カ	0.1	0.2	0.3	0.4	0.3				
配列キ	0.2	0.1	0.2	0.3	0.4	0.3			
配列ク	0.3	0.2	0.3	0.4	0.5	0.4	0.3		
配列ケ	0.3	0.2	0.3	0.4	0.5	0.4	0.3	0.4	
配列コ	0.3	0.2	0.3	0.4	0.5	0.4	0.3	0.4	0.4

図14ｂ：図14ａから計算したp-distanceの値（距離行列）

Unitの略で、「操作上の分類単位」という意味です。操作上の、とはつまり理論上の、と同意です。先ほどの架空の配列であれば、配列ア、イ、ウ、エ、……がそれぞれOTUになります。これがもっと具体的なヒト、チンパンジー、ゴリラ、オランウータンでも、それぞれをOTUと呼びます。要するに名前や番号を付けて分類する単位であれば何でもいいのです。

　得られた距離行列から平均距離法で系統樹を作成する場合、まず距離が最小のOTUの対をまとめ、複合OTUにします。この複合OTUと残りのOTUとの間の距離を計算すると、比較するOTUの数が1つ減ります。この縮小された距離行列の中でさらに最小距離のものを選び、つなぎ合わせていくと最終的に樹の形になっていきます。

	H	C	G	O	R
H					
C	1.2				
G	1.3	1.3			
O	3.0	2.9	3.1		
R	7.0	7.1	6.9	6.6	

図15ａ：Ｈ（ヒト）、Ｃ（チンパンジー）、Ｇ（ゴリラ）、Ｏ（オランウータン）、Ｒ（アカゲザル）の分類単位で計算した距離行列

　たとえばヒト（H）、チンパンジー（C）、ゴリラ（G）、オランウータン（O）、アカゲザル（R）の5つのOTUがあるとします。ここで示した距離行列は説明のためのもので、数値一つ一つはあまり正確ではありません。距離行列の中で最小のOTUの対はヒトとチンパンジーで、これらは一つにまとめられます。

各OTUが分岐した後の距離は、両者の間の平均塩基置換数の半分としますから、ここでは2つのOTUを1.2／2＝0.6のところで結合します（図15a）。

OTUが1つ減った距離行列の中で、ヒト－チンパンジー（H－C）という1つのOTUと他のOTUとの間の新たな距離を求めます。すなわちゴリラというOTUとの間の距離は、ヒトとゴリラの間の距離とチンパンジーとゴリラの間の距離を足して2で割った平均値（1.3＋1.3）／2＝1.30になります。

同様にヒト－チンパンジー（H－C）とオランウータンの間の距離は、ヒトとオランウータ

	H-C	G	O	R
H-C				
G	1.30[a]			
O	2.95[b]	3.1		
R	7.05[c]	6.9	6.6	

a (1.3 + 1.3)/2 = 1.30
b (3.0 + 2.9)/2 = 2.95
d (7.0 + 7.1)/2 = 7.05

図15 b ：組み合わせの分類単位での距離平均

	HCG	O	R
HCG			
O	3.0[d]		
R	7.0[e]	6.6	

d (3.0 + 2.9 + 3.1)/3 = 3.0
e (7.0 + 7.1 + 6.9)/3 = 7.0

図15 c ：HC と G を結合して距離行列を求める

	HCGO	R
HCGO		
R	6.9[f]	

f (7.0 + 7.1 + 6.9 + 6.6) / 4 = 6.9

図15 d ：HCGO と R を結合して距離行列を求める

ンの間の距離とチンパンジーとオランウータンの間の距離の平均(3.0＋2.9)／2＝2.95になります。さらに同様にヒト－チンパンジー(H－C)とアカゲザルとの間の距離は、ヒトとアカゲザルの間の距離とチンパンジーとアカゲザルの間の距離の平均(7.0＋7.1)／2＝7.05になります(図15b)。

このように縮小された新たな距離行列が作られ、その中で最小距離のものを選びつなぎ合わせていきます。今H－CとGの間の距離が最小なので、この2つのOTUを1.3／2＝0.65のところで結合します。続いて複合OTU(HCG)と他のOTUの間の新たな距離行列を求めます(図15c)。複合OTU(HCGO)とアカゲザル(R)の間の新たな距離行列を計算し、最終的に(HCGO)とRを6.9／2＝3.45のところで結合します(図15d)。

こうして得られた系統樹がUPGMA系統樹です。しかし現在、この系統樹作成法はほとんど使われることがありません。UPGMAでは本章の後半で説明する「進化速度の一定」が仮定されていますが、この仮定ができるケースは限定的で、進化速度がOTU間で異なっているときには、誤った樹形の推定を起こしやすくなるからです。

2　分岐年代をどう推定するか

†日本人が考え出した近隣結合法

近隣結合法（ＮＪ法）は、過去30年あまりで世界で最もよく使われてきた系統樹作成法です。ＮＪ法は進化速度が一定であると仮定せず、比較的シンプルな計算で最大節約法的な系統樹を描くことができます。日常使いの一般的なパソコンでも短時間で計算が済むので、１９８７年に発表されて以来、世界中の多くの研究者が使ってきました。

近隣結合法は、国立遺伝学研究所の教授・斎藤成也《なるや》によって開発されました。２０１５年の『ネイチャー』誌で発表された「被引用回数の多い論文トップ１００」では、ＮＪ法を最初に発表した時の論文がベスト20にランクインしていました。世界で最も引用された論文の１つであり、それだけこの系統樹作成法が広く使われてきたことを物語っています。本書では近隣結合法について詳しい解説はしません。興味のある読者は、前述の参考文献31を参照してください。

ところで、先ほど無視した各配列の９番目の文字（サイト９）について少し考えてみましょう（図11b）。
配列ケの9番目のサイトはT、配列コはCになっています。これはどういう順番に変異が起こったのかが判別できないという意味で、厄介なサイトと言えます。この配列情報だけでは、AからTになり、TからCになったのか、あるいはAからCになり、CからTになったのかが分かりません。この厄介さのため、先ほどは除外して考えました。

しかしDNA上での「突然変異の起こり方」について細かく考えていけば、このサイト9の変異についても除外するのではなく、情報として使うことができます。

そういう「突然変異の起こり方」を考慮したのが塩基置換モデルです。さきほど話したp-distanceは、最も単純な計算で導き出される遺伝距離であり、塩基置換モデルなしに、先ほどやったように単に遺伝距離を計算する方法です。これに対して、塩基置換モデルありの場合、サイト9の変異についても、情報に含まれるわけです。

第1章で述べたようにA（アデニン）とG（グアニン）はプリン、T（チミン）とC（シトシン）はピリミジンです。当然ながら四者は化学式が異なりますが、プリン同士、あるいはピリミジン同士は、プリンとピリミジンのペアより化学式が似ています。

プリンからプリン、あるいはピリミジンからピリミジンへ（AからGあるいはTからCか、その逆）は相対的に変化しやすく、これをトランジション（transitions）と言います。その一方でプリンからピリミジンへ（AからT、AからC、あるいはGからC、GからT）、ピリミジンからプリンへ（TからA、TからG、あるいはCからA、CからG）はトランスバージョン（transversions）と言い、トランジションより通常は起こりにくいのです。

こうしたトランジションとトランスバージョンの起こりやすさの違いに重み付けをしたり、トランジションの起こる頻度もAG間とTC間で異なると仮定したりして、さまざまなモデルを立て、塩基置換数を推定します。

こうした塩基置換モデルには、Tamura の方法、Tajima-Nei の方法、Gojobori-Ishii-Nei の方法、Tamura-Nei の方法など、日本人の名前が冠された方法が多くあります。実は、分子進化遺伝学という分野の、特に創成期には多くの日本人研究者が活躍しました。

先ほど斎藤成也について触れましたが、分子のデータから進化の系統樹を構築する基本的な理論については、その多くを日本人が作りました。特にペンシルベニア州立大学の根井正利は、この分野において非常に大きな貢献を果たしています。根井は、斎藤の博士課程での指導者です。上記の塩基置換モデルもほとんど根井とその弟子にあたる研究者たちによって作られました。根井は2013年に京都賞を受賞しており、その功績は世界で広く認められています。

†分子時計による分岐年代の計算

続いて、系統樹において枝が分かれていく、その進化過程における、枝分かれのタイミング、すなわち分岐年代（時間）を計算する方法を説明します。

分岐年代を計算するには、分子時計という概念を使います。１９６０年代にライナス・ポーリング（Linus C. Pauling）とエミール・ズッカーカンドル（Emile Zuckerkandl）は「分子時計」（molecular clock）を発見しました。

具体的な例として、彼らはヘモグロビン（赤血球に含まれるタンパク質）を調べました。なぜヘモグロビンが選ばれたかというと、たぶん非常に多くの生物が持っているタンパク質で、比較するデータが当時すでにたくさん報告されていたからでしょう。

たとえばヒトとチンパンジーのヘモグロビンα鎖のアミノ酸配列を比較して、違っているアミノ酸の数をかぞえたアミノ酸置換数を縦軸にとり、化石から推定されるヒトとチンパンジーの分岐年代を横軸にプロットします。他の生物間でも同じようにアミノ酸の違いと化石から推定される分岐年代をプロットしていくと、それらはゼロから始まる一次方程式の直線上に並びます。つまり時計が時を刻むように、アミノ酸（分子）の変化はほぼ均等に起こっていることが分かります。

ポーリングとズッカーカンドルの発見は、この分子の進化速度の一定性でした。生物同士の近縁性が高いほど互いのアミノ酸置換数が少なくなります。互いのアミノ酸置換数が少ないほど、分岐年代は新しくなります。

　この時代にはまだＤＮＡの配列を分析する技術が進んでいなかったため、タンパク質を分析してアミノ酸の配列を調べていますが、ＤＮＡの配列でもこれと同様な関係が得られます。つまり、分子時計はアミノ酸やＤＮＡの置換速度の一定性を示しますが、これは$d = 2\lambda T$というごく簡単な式で表すことができます（図16ａ）。

$$d = 2\lambda$$

λ：置換速度
Ｔ：２集団が分岐してからの時間
d：遺伝距離

図16ａ：分子時計（塩基置換速度の一定性）を表す式

　dは、本章の前半にも登場したように、遺伝距離を表します。2つの配列間で異なる塩基数（n_d）を比較した塩基の総数（n）で割った値（p-distance）があります。λは置換速度（アミノ酸あるいはＤＮＡの変化する速度）、Ｔは2つの集団が分岐してからの時間を示します。ＤＮＡあるいはアミノ酸の配列が分かっていて、分子時計が成立すると仮定すれば、単純な数式で2つの種の分岐がいつ起こったのか、などについて調べることができます。

　つまり、ある2種の化石年代から分岐年代を確定すればＴ（時間）が決まり、その2種のＤＮＡ配列やアミノ酸配列を調べることで、遺伝距離dが決まるので、置換速度λが一次方程式を解くことによって決まります。この置換速度λを使って、別の2系統の分岐年代を推定できるということです。

$$d = 2\lambda T$$

↓ 式変形

$$\lambda = d / 2T$$

↓ 代入 ← T = 600万年、d = 1.2%

$$\lambda = 1.2 \times 10^{-2} / 2 \times 6 \times 10^{6}$$

↓

$$\lambda = 1.0 \times 10^{-10}$$

図16b：塩基置換速度を計算する

✝アフリカ集団、非アフリカ集団を仮定すると……

たとえばヒトとチンパンジーはおよそ600万年前に分岐したとします。ヒトとチンパンジー、両者の遺伝的な違いはゲノム全体で1・2パーセントに過ぎないと第2章の冒頭で述べました。Tが600万年、dが1・2パーセントと分かっているので、λ（置換速度）を計算することができます（図16b）。$d=2\lambda T$を$\lambda = d/2T$と変形して数値を代入すると$\lambda = 1.2\times10^{-2}/2\times6\times10^{6}$となり、$\lambda = 1.0\times10^{-10}$という値が出てきます。これがヒトとチンパンジーの塩基置換速度です。

こうして得られた塩基置換速度をもとに、ミトコンドリアDNAで書かれた系統樹に立ち返り、アフリカ人のみを含むクラスター（塊）とアフリカ人と非アフリカ人を含むクラスターの分岐年代を求めてみましょう。

前章で登場したミトコンドリアDNA133タイプ（図

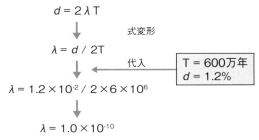

10）の全てについて塩基の違いを数え、比較した長さで割り算をします。クラスター同士で比較しているので平均を取り、$d=2\times10^{-5}$となります。

前出（104頁）の図14bをここでは、アフリカ人のみのクラスターとアフリカ人・非アフリカ人の両方を含むクラスターの、配列間総当たりの p-distance の距離行列として見てみましょう。前述の架空の配列をミトコンドリアDNA配列だと見立てて、仮に配列ア〜エ（アフリカ）・ア〜ウ（1〜3番目）の部分をd_x、配列オ〜コ（アフリカ＋非アフリカ）・エ〜ケ（4〜9番目）の部分をd_yとしてみます（図17）。

つまり、アフリカ集団と非アフリカ集団の2つの集団を仮定したわけです。くり返しになりますが、もちろん架空の数値を説明のため便宜的に用いています。この時、集団間遺伝距離dはアフリカ集団と非アフリカ集団の個々の配列の総当たりの距離であるd_{xy}からアフリカ集団内の距離の平均と非アフリカ集団内の距離の平均を足して2で割った値$d=d_{xy}-(d_x+d_y)/2$とします。$d=2\times10^{-5}$、$\lambda=1.0\times10^{-10}$を$T=d/2\lambda$という数式に当てはめて計算すると、$T=1.0\times10^{5}$となります。そのためアフリカ人のみのクラスターとアフリカ人・非アフリカ人の両方を含むクラスターは、およそ10万年前に分岐したと算出されます。

これはホモ・エレクトスがアフリカ大陸から外へ出てきた時期（約170万年前）よりずっと新しい分岐年代です。ホモ・サピエンスの共通祖先は、最初にアフリカ大陸から出たホモ・

$d = d_{xy} - (d_x + d_y)/2$

		1	2	3	4	5	6	7	8	9
アフリカ	配列ア									
	配列イ	0.1								
	配列ウ	0.2	0.15							
	配列エ	0.3	0.2	0.25						
アフリカ＋非アフリカ	配列オ	0.3	0.2	0.25	0.2					
	配列カ	0.45	0.35	0.4	0.25	0.15				
	配列キ	0.4	0.3	0.35	0.2	0.1	0.15			
	配列ク	0.45	0.35	0.4	0.25	0.15	0.2	0.05		
	配列ケ	0.55	0.45	0.5	0.35	0.25	0.3	0.15	0.2	
	配列コ	0.5	0.4	0.45	0.3	0.2	0.25	0.1	0.15	0.1

図17：図14ｂをもとに仮想的に作ったアフリカ vs 非アフリカの距離行列

エレクトスの共通祖先よりずっと新しいということですから、ホモ・サピエンスがアフリカで新たに進化した新種だと考えるアフリカ単一起源説を強く支持するものです。*5

3　祖先は混血していたのか

†ネアンデルタール人は本当に滅びたのか

分子時計を利用すると、アフリカ人と非アフリカ人を含むクラスターの分岐が約10万年前と計算されました。前にもお話ししたように、遺伝子の分岐年代は集団の分岐よりも古いと考えられるため、現生人類の誕生は古く見積もっても10万年前、アフリカから現生人類が外へ出たのは、10万年前よりは新しい出来事と考えられます。

最近のゲノム全体の情報を用いた研究では、現生人類の出アフリカは7万〜6万年前と言われています。そして少なくとも1万3000年〜4000年前には、人類はアメリカ大陸へも進出したと考えられています。

このように人類は、非常に短い時間で地球上のあらゆる大陸に拡散していきました。器用に火を使い、また、狩りなどで得た獲物から加工した毛皮を身に纏《まと》っていたことが幸いして、寒い所にも適応することができたと考えられています。ホモ・サピエンスはその類《たぐい》まれな適応力により、驚異的な速度で世界中に広まった生物種であると言えます。

アフリカ大陸で誕生した祖先はヨーロッパ、東アジア、オーストラリア、そしてアメリカ大陸に拡散しました。アフリカ単一起源説に基づくならば、現生人類が東アジアや東南アジアに辿り着く前からそこに住んでいた北京原人やジャワ原人は絶滅したことになります。

ヨーロッパ大陸ではホモ・エレクトス段階の化石が見つかっていませんが、ネアンデルタール人の化石は見つかります。ネアンデルタール人はホモ・サピエンスとは別種と考えられてきましたから、アフリカ単一起源説に立てば、ネアンデルタール人も絶滅したことになります。でも、そう簡単に片付けるわけにはいきません。

解剖学的特徴を見ると、ネアンデルタール人は私たちホモ・サピエンスのバリエーションの中には含まれません。逸脱しています。でも、他の化石人類と比べれば、ホモ・サピエンスと非常に近い人類だったと言えます。

ネアンデルタール人は本当に滅びたのでしょうか。先ほども述べたようにヨーロッパからはホモ・エレクトスの化石は発見されておらず、その代わりにネアンデルタール人の化石が発見されています。このため、ホモ・エレクトス段階では当時のヨーロッパの環境に適応できなかったけれど、ネアンデルタール人の段階でそれが可能になったと言えるかもしれません。

✝クロマニヨン人とネアンデルタール人

そして、もう1つの人類が登場します。クロマニヨン人です。かつてヨーロッパ大陸にはクロマニヨン人がいました。

ネアンデルタール人はヒトとは別種であるとされ、ホモ・ネアンデルターレンシスという学

＊5　実はここでは説明のために話を簡単にしてあります。ヒトとチンパンジーのゲノム配列の違いが1・2パーセントというのは主に核DNAに基づくもので、ミトコンドリアDNAの塩基置換速度は、核DNAのそれよりも早くなります。ですから、ここで示したdの値は架空の値で、実際はもう少し大きくなります。

名を付けられていますが、クロマニヨン人はホモ・サピエンスです。なんとなく原始的なイメージを持っている人も多いかもしれませんが、私たちと同じ「解剖学的現代人」です。

たとえば、ラスコー洞窟に残されている精密かつ写実的な壁画を描いたのはクロマニヨン人です。今の私たちと解剖学的に同等の脳を持ち、おそらく同等の知能を持っていたはずです。小惑星探査機「はやぶさ」を開発した脳とこの壁画を描いた脳には、もちろん神経ネットワークには違いが存在したかもしれませんが、解剖学的な違いは存在しなかったということです。

ヨーロッパではクロマニヨン人と同時期に、ネアンデルタール人が存在しました。このためネアンデルタール人がクロマニヨン人と混血しなかったのか、もし絶滅したとしたら、クロマニヨン人と争って絶滅したのか、については以前から大きな疑問でした。

そこで、ネアンデルタール人の骨からＤＮＡを取り出して調査した分子人類学者がスバンテ・ペーボです。ペーボは、ドイツのライプチヒにあるマックス・プランク進化人類学研究所の進化遺伝子部門の責任者を務めています。１９９９年4月から2年間、私はこの研究所のポスドク研究員でした。

ペーボはスウェーデン人で、ノーベル賞受賞者を多数輩出して有名なウプサラ大学で博士号を取った後、第2章に登場したカリフォルニア大学バークレー校のアラン・Ｃ・ウィルソンの研究室でポスドクをし、30代の若さでミュンヘン大学の教授となりました。その後、１９９８

年にマックス・プランク進化人類学研究所の創設に深くかかわりました。

ペーボがネアンデルタール人のDNA分析に初めて成功したのは、ミュンヘン大学にいた頃です。彼が指導する学生だったマティアス・クリングスが中心となり、ネアンデルタール人の骨からDNAを取り出しました。そして、その中に含まれるミトコンドリアDNAをPCR法で増幅し、Dループ領域と呼ばれるミトコンドリアDNAの複製起点の周辺領域にある約500文字（塩基対）の塩基配列を決定しました。Dループは変異率が高く、近縁な種同士でも塩基の違いが蓄積されているため、比較しやすいのです。

決定した塩基配列をもとにヒトとヒトのペアで約500文字を比較し、異なる文字の数をカウントしました。たとえばDNAの配列が500文字中10個異なるペアは、全体の8パーセントほど存在します。アフリカ、アジア、ヨーロッパ、さらにはアメリカ大陸まで含めて、五大陸全ての出身者2051人について、全てのペアについて違っていた文字の数を調べ、全体の何パーセントがその文字の違いを持つか、調べたのです。するとだいたい互いに7〜8個違うペアがピークに来ました。

次に2051人のヒトと59匹のチンパンジーのペアでミスマッチ分布を見てみると、500文字中50〜60文字ほど違っており、ちょうど55文字のところにピークが来ます。

さらに2051人のヒトとネアンデルタール人のペアでミスマッチ分布を見てみると、50

0文字中25〜26文字のところにピークが来ます。チンパンジーのミスマッチ分布とは全然重ならないので、ネアンデルタール人はチンパンジーよりもだいぶヒトに近いと言えますが、ヒトの分布とも重なりません。つまりヒトのミトコンドリアDNAのバリエーション（違い）とは重なり合わないということがネアンデルタール人のDNAを調べて分かったのです。

†現生人類はネアンデルタール人と混血していた

ネアンデルタール人のミトコンドリアDNAの一部を読んだというペーボの論文が発表されると、アメリカの雑誌『TIME』に"All in the Family"というタイトルのイラストが掲載されました。大きな木の一番下の枝にオランウータンが、その少し上の枝にゴリラが、そしてチンパンジーとボノボの枝が描かれていて、そこから少し上の枝にはウォール街を歩いていそうなスーツ姿の人間が腰掛けています。人間の枝の少し手前で枝が折れて木から落ちてしまった原始人として描かれたネアンデルタール人は、途方に暮れたように立ち尽くしています。

ネアンデルタール人が進化の樹から落ち、脱落してしまった。ネアンデルタール人は私たちホモ・サピエンスにつながらない種としてマスコミでも大々的に報じられ、研究者の多くは問題が解決したことに安堵しましたが、科学というのはそう単純なものではありません。さらに研究が進むと、これを覆す結果が出てきました。

前述のようにスバンテ・ペーボのグループはミトコンドリアDNAの配列のおよそ500文字を比較して「ネアンデルタール人はホモ・サピエンスとは別種である」という結論を導きました。

続いて彼らはネアンデルタール人の骨から取り出した細胞核のDNA（核DNA）の分析を開始しました。ネアンデルタール人のミトコンドリアDNAについての最初の論文出版から約10年後の2006年、ネアンデルタール人の核DNAの0・04パーセントを解読した、という論文を発表しました。その論文では、ミトコンドリアDNAの結論を核DNAが裏付けたという内容でした。

さらに彼らはネアンデルタール人のゲノム解読を進め、2010年には「ネアンデルタール人のドラフト全ゲノム配列」を報告する論文が発表されました。その論文の中で、非アフリカ人のゲノムの中に、ネアンデルタール人のゲノムから受け継いだと思われる多型が1〜4パーセント存在することが報告されました。この結果は、ネアンデルタール人とホモ・サピエンスが分岐した後、どこかの時点、どこかの地点で、両者が再会し、混血した可能性を示していると解釈できます。

†DNAに残る混血の証拠

どのようなデータからそんなことが言えるのでしょうか。ここでチンパンジー、ネアンデルタール人、アフリカ大陸出身の現生人類、アフリカ大陸以外の大陸出身の現生人類（非アフリカ人）を比較して考えてみましょう（図18）。

ゲノム中のある多型サイトに注目してみます。現在ではアフリカ単一起源説が定説ですから、ある多型サイトに注目した場合、チンパンジー、ネアンデルタール人、アフリカ大陸の現生人類がみなGを持ち、アフリカ大陸以外の現生人類（非アフリカ現生人類）だけが、Aを持つ人とGを持つ人が存在する、という場合、祖先タイプであるGから派生型タイプであるAへの変異が起こったタイミングは、アフリカ大陸の現生人類と非アフリカ大陸の現生人類とが分岐した後に非アフリカ大陸の現生人類の集団中で変異が起こったと考えられます。ここには何の矛盾もありません。

ではチンパンジー、ネアンデルタール人はゲノム中のあるサイトでGを持ち、アフリカの現生人類はみなAを持っていて、非アフリカの現生人類ではGを持つ人とAを持つ人がいる場合、どのように考えればいいでしょうか。

まずネアンデルタール人と現生人類が分岐した後、GからAへの置換が起こってそれが固定

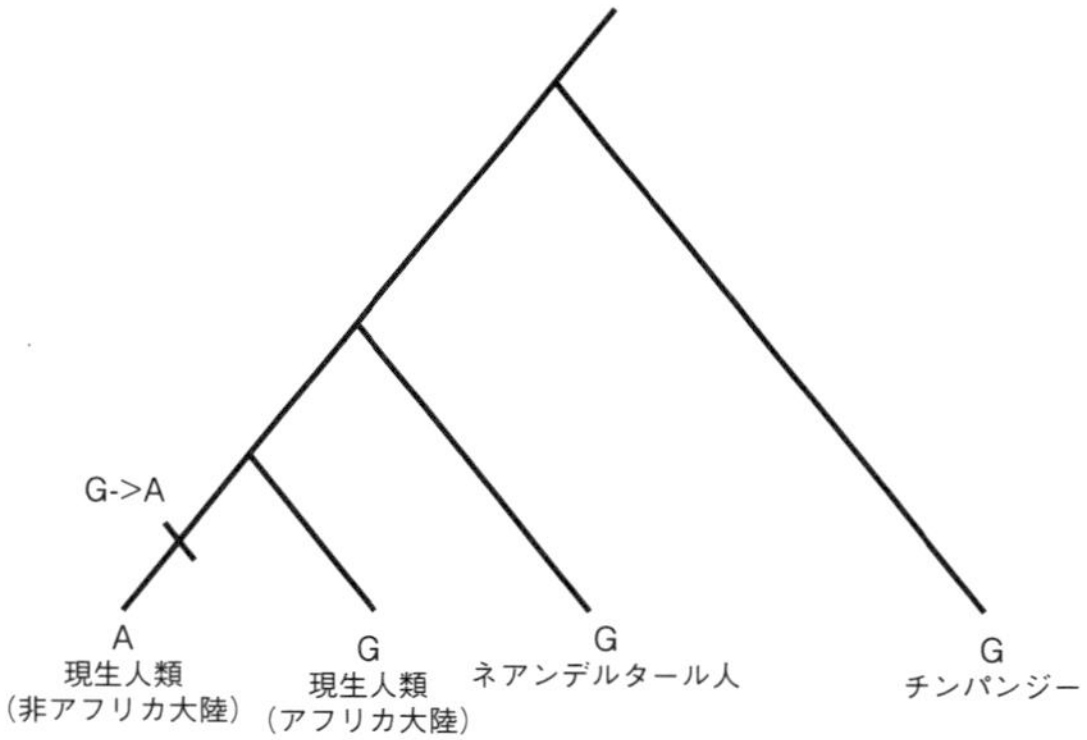

系統から想定される通常の塩基

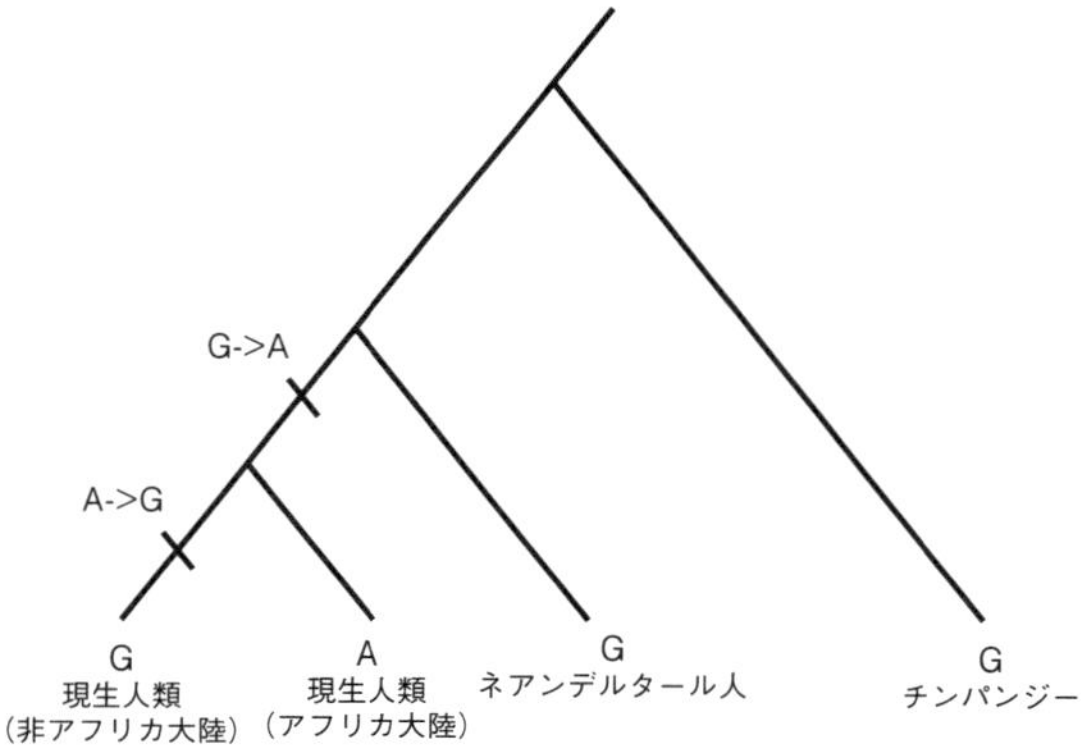

系統とは矛盾する塩基

図18：ゲノム中のある多型サイトに注目した系統関係から想定される塩基（上）と矛盾する塩基（下）

したことが想定されます。しかし非アフリカ大陸の現生人類にはGタイプを持つ人がいるので、突然変異だけで説明しようとした場合、アフリカ大陸の現生人類と非アフリカ大陸の現生人類が分岐した後で、非アフリカ大陸の現生人類においてのみ同じサイトでもう1回AからGへの置換が起こったことになります。

これは非常に確率が低い出来事です。なぜなら、先に述べたように10万年よりも短い、7万～6万年という短期間で、ゲノムの同じ場所にバック・ミューテーションが起こることは考えにくいからです。

バック・ミューテーションの代わりに、現生人類が出アフリカを果たした後、ネアンデルタール人もしくはチンパンジーと混血し、Gを受け取ったと考えるのがもう1つの可能性です。チンパンジーとの混血はさらに考えにくいので、アフリカ大陸の現生人類と非アフリカ大陸の現生人類が分岐した後でネアンデルタール人と非アフリカ大陸の現生人類とが混血し、ここから受け継がれた部分がヒトに伝わった。そう考えればアフリカ大陸の現生人類が全員派生型であるAを持ち、非アフリカ大陸の現生人類の一部が祖先型であるGを持っていたとしても説明がつきます。実際にはもう少し複雑な統計解析をしていますが、考え方はこういうことです。

ネアンデルタール人の全ゲノムを解読し、現生人類のSNP（一塩基多型）データベースを用いて調べたところ、非アフリカ大陸の現生人類のゲノムの中に、本来の系統関係とは矛盾するこのような多型を持つサイトが全体の1〜4パーセント存在することが判明したのでした。

†「デニソワ人」の発見

シベリアのアルタイ山脈にあるデニソワ洞窟から、非常に古いタイプの堅牢な歯と指先の骨の化石が発見されました。スバンテ・ペーボのグループがこの指の骨から抽出したDNAを調べたところ、次のようなことが分かりました。

この指の骨から取り出したミトコンドリアDNAの配列をもとに作成した系統樹を見てみると、ネアンデルタール人よりもっと古い時代に分岐したこの指の骨の持ち主を含む系統がアルタイ山脈のデニソワ洞窟に住んでいたことが分かったのです。この論文は、前出のネアンデルタール人のドラフト全ゲノム配列が発表されたのと同年、2010年に発表されました。

DNAの分析が進む以前は、歯や指の骨の標本が出てきたぐらいでは、それが未知の種であるということまでは言えませんでした。頭蓋骨など種の同定の決め手となる骨が出てきて初めて、未知の種の発見につながるわけです。ところが、デニソワ洞窟では頭蓋骨がないため、どんな顔をした者たちであったかが不明であるのに、DNAを分析した結果、これはかなり古い時代に分岐した種であることが示されたのです。

デニソワ洞窟で発見されたこの標本は、一般的にはデニソワ人と呼ばれています。現時点ではまだ学名は付いていません。DNAしか存在せず化石標本という実態が不十分なものに、学名を付けた前例がないからだと思われますが、アルタイ山脈など非常に気温が低いところでは、古いDNAが分解されにくく、長い年月を経ても残っているDNA量が比較的多いのです。そうした地理的気候条件が幸いし、DNAの保存状態が非常によかったためか、高い精度でゲノム解読がなされました。

†種の混血を加味した新しい系統樹

デニソワ洞窟から発見された標本の核DNAを分析した結果、次のような系統樹が描かれました（図19）。現生人類からはヨルバ人、フランス人、パプアニューギニア人、漢民族、サン族が比較されています。ヨルバ人は主にナイジェリア南西部に住む民族、サン族は南部アフリカのカラハリ砂漠に住む狩猟採集民族です。

この系統樹ではサン族がヒト集団の一番外側にきます。そして、さらにその外側にあるネアンデルタール人が4個体（ロシア連邦のアディゲ共和国にあるメツマイスカヤ洞窟からの1個体とクロアチア共和国のヴィンディジャ洞窟からの3個体）、そして、その外側にデニソワ人がきます。デニソワ人はネアンデルタール人よりも外側に位置し、少し離れた姉妹種であることをこの系統樹は表しています。

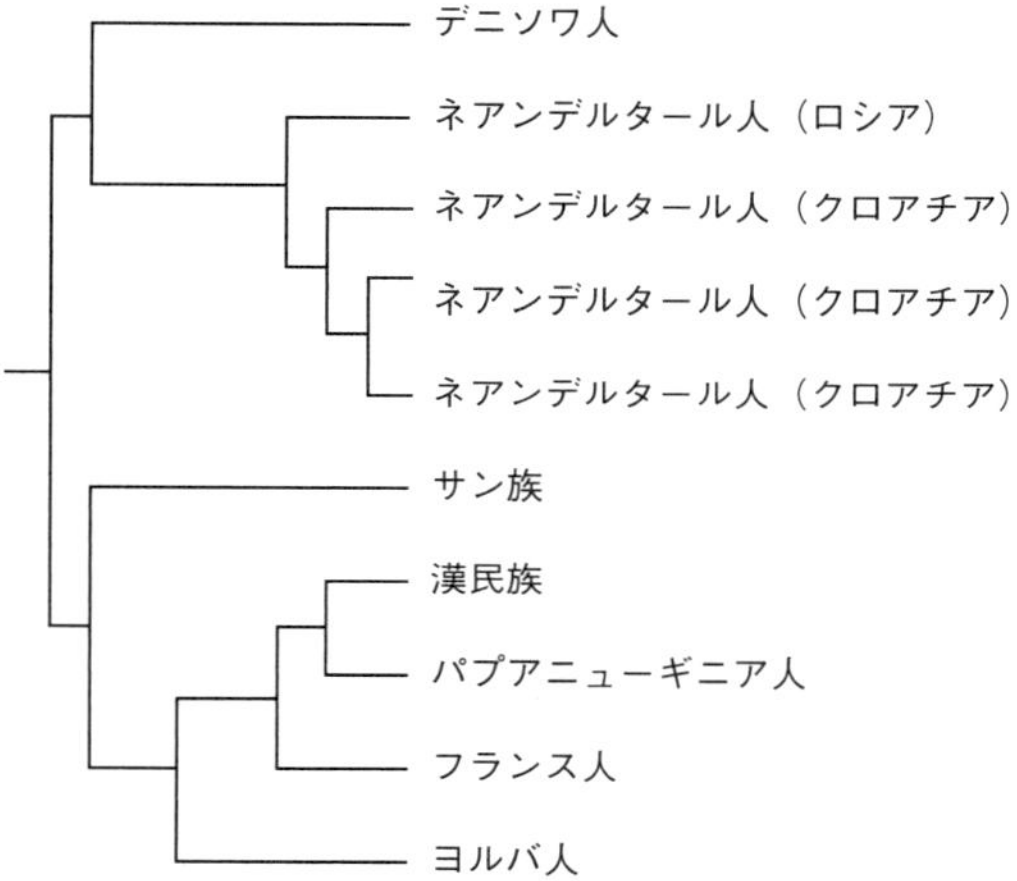

図19：核DNA情報から作成した系統図におけるデニソワ人の位置

さらに、前述と同様な方法で解析すると、このデニソワ人のゲノムの一部が私たちホモ・サピエンスのゲノムの中に存在することが分かりました。現代のパプアニューギニア人の全ゲノムのうち6パーセントほどに、デニソワ人由来と考えられる多型が発見されたのです。

パプアニューギニア人は非常に古い時代にアフリカを出発した集団の一派が、現在住んでいる場所に定住したと考えられています。つまり、南シベリアのデニソワ人が、遠く離れた場所に住むパプアニューギニア人と混血したのではなく、おそらく当時のホモ・サピエンスがアフリカから出た直後、デニソワ人と混血し、その子孫が世代を重ね、長い移動の末にパプアニューギニアに辿りついたのでしょう。そして現在もなお、その痕跡が6パーセントほど残っている、ということだと推定されます。

第2章の冒頭でも述べたように、種の概念というのは非常に曖昧です。これまでネアンデルタール人はホモ・ネアンデルターレンシスという学名を持つ別種であると考えられてきましたが、実は進化の過程でホモ・サピエンスと混血していたことが分かったわけです。「分かった」という言い方は少し強いかもしれませんから、あえて慎重な表現を選ぶなら、ネアンデルタール人とホモ・サピエンスが混血していたと考えないと説明できないゲノム領域が発見された、という言い方になります。

いずれにしても、交配しても子孫が残らない（子供の世代はできても、孫の世代はできない）関係が、生物学の一般的な別種の定義です。ネアンデルタール人とヒトが別種であるなら、生殖行為を行っても子孫はできないはずです。しかし、ゲノム解読データは生殖行為により子孫ができたことを示していました。したがって、ネアンデルタール人を別種と考えることをやめるべきではないかという議論も起こっています。

従来は〝旧人〟として世界史の教科書にも載っていたネアンデルタール人ですが、その姉妹グループであるデニソワ人も含めて、広い意味でのホモ・サピエンスの仲間として、つまりセックスをして子孫ができる範囲の親戚として捉えることができるかもしれません。おそらくできるだろうと思います。その中の一部が私たちの祖先であり、ホモ・サピエンスになったと考えるべきなのかもしれません。

第 4 章
適応 vs. 中立

分子進化の中立説を唱えた木村資生（毎日新聞社、1968年撮影）

1　ミトコンドリアDNAとY染色体で男女の拡散を追跡する

この章では適応vs.中立というテーマで話をしていきますが、まずは第2章でお話ししたアフリカ単一起源説についておさらいしましょう。

ホモ・サピエンスという新種は20万〜10万年前にアフリカで誕生し、10万〜7万年前にアフリカの外へ出て、その後、地球上のあらゆる地域に拡散しました。

最近の研究では、この「出アフリカ（アウト・オブ・アフリカ）」の時期を約6万年前とする推定値も発表されています。もしそれが本当であれば、およそ6万年という短い間にホモ・サピエンスは地球上に広まったことになります。

ホモ・エレクトス（かつての原人）の進化段階にあった種は全て滅び、新種であるホモ・サピエンスが世界中に広まった、というのがアフリカ単一起源説です。

†遺伝距離と地理的距離

ではアウト・オブ・アフリカで、男女は同じように世界中に拡散したのでしょうか。第1章でも述べたように、女性の系統を辿ることができるミトコンドリアDNAと男性の系統を辿ることができるY染色体を調べることで、男女の移動の歴史を比較することができます。

1980年代から、DNAを分析することでヒト集団の起源や類縁性の調査が行われてきましたが、その初期には特にミトコンドリアDNAとY染色体が分析対象として主役でした。ミトコンドリアDNAとY染色体は、世界中のさまざまな人類集団から由来したヒト試料についてデータを蓄積してきています。前述のように、両方とも組換えによる影響を考えなくてもよいので、比較的単純な理論に基づいて進化の歴史を議論できるからです。

1998年、スタンフォード大学に在籍していたマーク・セイエルスタッドは雑誌『ネイチャー・ジェネティックス』(Nature Genetics)に論文を発表しました。この論文で示されたヨーロッパにおける遺伝距離と地理的距離の関係を示すグラフを見てみましょう(図20)。グラフの横軸は2つの集団間の地理的距離、縦軸はその遺伝距離を表します。ヨーロッパの2つの集団について、ミトコンドリアDNAのデータをもとに計算した遺伝距離とY染色体のデータをもとに計算した遺伝距離がプロットしてあります。

たとえばイギリス出身者の何十人か[*6]とイタリア出身者の何十人かのDNAを採取して、同じ個体のミトコンドリアDNAとY染色体を調べ、遺伝距離を計算します。第3章でも述べたように、遺伝距離はDNAの配列などから計算することができます。

イギリスとイタリアだけでなく、さまざまな集団間でこうした計算をしていきます。たとえ

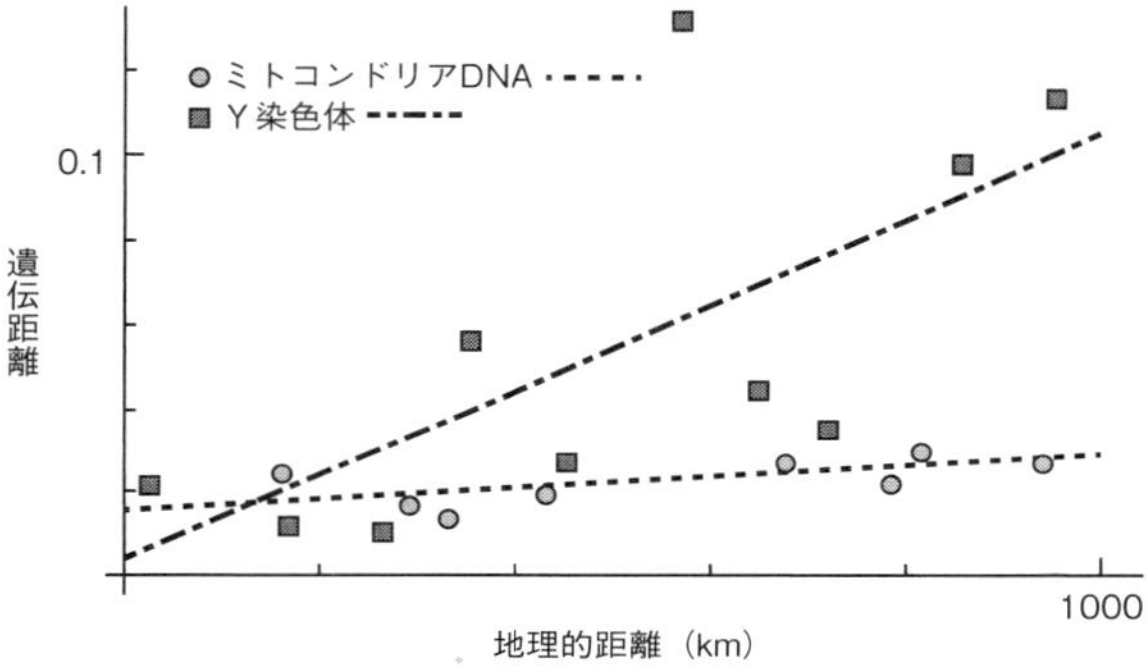

図20：ヨーロッパにおける人類集団の遺伝距離と地理的距離の関係

ば、イギリスとオランダ、オランダとイタリア、のようにそれぞれペア（対）にして、ミトコンドリアDNAから計算した遺伝距離とY染色体から計算した遺伝距離を調べていきます。これを2つの集団の間の地理的距離とともに二次元でプロットするのです。

†土地によって違うY染色体

するとミトコンドリアDNAの配列データに基づき計算した遺伝距離と、Y染色体に基づき計算した遺伝距離ではそれぞれ違うパターンが見られます。Y染色体に基づき計算した遺伝距離の場合、地理的距離が大きくなるにつれて遺伝距離も大きくなっていきます。一方でミトコンドリアDNAの場合、地理的距離が大きくなっても遺伝距離にはあまり変わりがなく、ほぼ横ばいになっています（図20）。

私たちはこのグラフを見て、どのようなことをイメージすればいいのでしょうか。たとえばイタリアとイギリスのペアを抽出して比べた場合、女性の系統を反映するミトコンドリアＤＮＡで計算した遺伝距離よりも、男性の系統を反映するＹ染色体で計算した遺伝距離の方が大きくなります。

ホモ・サピエンスは10万〜7万年前にアフリカから出て世界中に拡散したと先ほど述べました。一般的な感覚だと、子孫がコンスタントに誕生するためには男女がほぼ同数いることが望ましいと考えるでしょう。男女はほぼ同じようにアフリカから拡散したと考えるのが自然です。しかし、男女が同じように拡散したのであれば、ミトコンドリアＤＮＡとＹ染色体の遺伝距離にこれほどの差は生じません。このグラフは、地理的距離が大きくなればなるほど男性の系統の遺伝距離は大きくなる一方で、女性の系統の遺伝距離はほぼ横ばいの状態であることを示しています。マーク・セイエルスタッドは、この点に着目しました。

遺伝的な要素をもう少しダイレクトに反映させてお話しすると、次のようになります。ここ

＊6　こうした人類集団を扱う研究では、一般的に１つの集団につき、ミトコンドリアＤＮＡやＹ染色体などハプロイド（本文で後述）の場合１００人くらい、常染色体の遺伝子座の場合50人を調べるのがよいと考えられています。ただ、試料の数が集まらない場合は仕方がないので十数個体でも「集団」として扱う場合もあります。

では説明のため、架空のY染色体のタイプY_1、Y_2、Y_3および架空のミトコンドリアDNAのタイプMT_1、MT_2、MT_3を考えます。

イギリスではY_1というタイプのY染色体を持つ人が最も多く、Y_2・Y_3などそのほかのタイプのY染色体を持つ人は非常に少ないとします。一方、イタリアではY_2というタイプのY染色体を持つ人が最も多く、そのほかのタイプのY染色体を持つ人はごく少数だとします。つまり、土地によって多数を占めるY染色体のタイプが異なるような状態を考えます。

一方でミトコンドリアDNAの場合、MT_1というタイプの頻度とMT_2というタイプの頻度は、イギリスとイタリアではそれほど違いがないとします。つまり、土地によって多数を占めるミトコンドリアのタイプが異なるということがあまりない、差がない状態を考えます。

このようなY染色体とミトコンドリアDNAの違いがある状態で、遺伝距離をそれぞれで計算すると、集団間で得られるY染色体に基づく遺伝距離は、ミトコンドリアDNAに基づく遺伝距離に比べてずっと大きくなります。図20は、このような状態があることを意味します。

†遺伝子頻度を変動させる要因

このデータをどう解釈すればいいのでしょうか。先述のY染色体のY_1、Y_2、Y_3といったタイプの頻度やミトコンドリアDNAのMT_1、MT_2、MT_3といったタイプの頻度を「遺伝子頻度」と呼びますが、遺伝子頻度を変動させる要因には、大きく分けて4つあります。

まず、突然変異（mutation）です。突然変異が生じれば、新しいタイプが生じるわけですから、遺伝子頻度に変化が生じます。次に移住（migration）です。集団が分裂して一部がほかの土地へ移住したり、逆にある集団に外から別の集団が移住してきたりすると、新しくできた集団全体での遺伝子頻度は、それ以前と変化します。さらに、遺伝的浮動（random genetic drift）と自然選択（natural selection）です。遺伝的浮動は非常に重要な概念で、少し詳しい説明が必要なので後で改めて触れます。

これら4つが遺伝子頻度を変動させる主な要因です。これは人類に限った話ではなく、地球上のあらゆる生物について、同じように遺伝子頻度を変動させる主要因となります。ただし、ホモ・サピエンスは、誕生してから現在までの時間が約10万年と短いため、1つ目の突然変異による貢献は、比較的小さいと考えられます。ヒトの場合、遺伝子頻度の変動に大きく影響するのは、主に移住と遺伝的浮動です。そしてごくまれに自然選択が関係します。

†各要因を検証してみる

図20のグラフのようにY染色体のタイプの頻度が土地によって大きく異なる理由として、まず自然選択を考えてみましょう。自然選択、つまり環境適応です。先ほどのY染色体のY1、

Y_2、Y_3のタイプで説明してみましょう。

イギリスではY_1というタイプのY染色体を持つ人が最も多く、イタリアではY_2というタイプのY染色体を持つ人が最も多かったとします。もしこの頻度が、自然選択によって説明できるとしたら、イギリスの環境ではY_1というタイプが有利で適応的、イタリアの環境ではY_2というタイプが有利で適応的であった、ということになります。それぞれの土地で有利なタイプが頻度を増すというのは、理解しやすい話でしょう。

図20のグラフを説明する2つ目として、女性に比べて、男性の死亡率の方が圧倒的に高いというケースを考えてみます。生殖年齢に達する前に、男性特有の病気や感染症が蔓延して死亡するとか、あるいは文化儀礼によって若い男性が間引かれて集団中の人数が制限されるとか、そうした男性特異的な死亡率の高さがある場合、このようなパターンになることが予想されます。そもそも女性に比べて男性の人口が小さいというケースも想定できます。

3つ目に、社会の婚姻システムに関する要因も挙げられています。ヒトの場合、生殖活動の多くが文化的な制約の中で成立しているので、そうした要因も考えられるのです。

文化儀礼と婚姻システムを考えるのは、社会システムが人の死や生殖活動を規定する話ですので、生物学で考える範囲を逸脱しています。つまり、仮に生物学に落とし込んだとしても、メカニズムとしては、1つ目として挙げたような自然選択による説明では十分ではありません。

回りくどい言い方になってしまいましたが、要するに生物学の理論だけでは解けない問題です。

ともかく先の論文の中でマーク・セイエルスタッドは、このグラフのようなパターンが、ヨーロッパの人類集団に現れるのに、どの要因が最も大きな影響を及ぼすと考えられるかについて、自然選択による説明と、文化儀礼や婚姻システムによる説明を試みました。そして、最終的に自然選択ではなく、婚姻システムによる説明がもっともらしいという結論を導き出したのですが、それは次章で詳しく説明したいと思います。

ところで、生物学において、環境適応とは具体的にどういうことを意味するのでしょうか。図20のプロットを読み解く前に、まず環境適応についてお話ししたいと思います。例としてガラパゴス諸島に生息する小型の鳥、ダーウィンフィンチをここでは取り上げることにします。

2　進化とはなにか、遺伝とはなにか

†ダーウィンが発見した「生物の変化」

チャールズ・ダーウィンは1831年からおよそ5年間かけてビーグル号で地球を一周する航海を行い、1835年の9月15日から1カ月ほど、太平洋上の東、赤道下にあるガラパゴス

諸島に滞在しました。ダーウィンはそこで、島によってフィンチのくちばしの形状が異なることに気づき、それぞれの島にいるフィンチのくちばしの特徴を記録しています。食べ物にまつわる島の環境に合わせて、くちばしの形状が変化したことが推測されます。

ご存じのとおりダーウィンが１８５９年に著した『種の起原』（*The Origin of Species*）はあまりにも有名です。ダーウィンを抜きにして進化について語ることはできませんが、ダーウィンが「進化論」と称する〝論〟を唱えたり、宣伝したわけではありません。

当時のヨーロッパにおいては知識階級の人々は何となく「生物は変化しているのではないか」と思っていましたが、包括的な理論は構築されていませんでした。ダーウィンのすごいところは、生物が世代を経るうちに変化していく、その原理を発見したことです。

そもそも、進化とはいったい何でしょうか。進化（evolution）という言葉はevolve（展開する）という動詞の名詞形です。evolveはinvolve（巻き込む）の対義語で、「巻物を展《ひろ》げる」という意味から転じて「展開する」という意味を持ちます。

ダーウィンは『種の起原』の「あとがき」の最後に次のような形でevolveという動詞を用いています。

From so simple a beginning endless forms most beautiful and most wonderful have been, and are being evolved.

「かくも単純な発端から、極めて美しく極めて驚嘆すべき無限の形態が生じ、いまも生じつつある」（八杉龍一訳、『種の起原』岩波文庫より）

かくも多様な形態が生じ、今も生じつつある。そういう意味でこの動詞が使われています。現在では、進化という言葉は一般用語として誰もが知っており、日常生活においてはテレビや新聞、雑誌などで頻繁に使われています。

たとえば子供たちに人気のあるゲーム・アニメのキャラクター、ポケットモンスター（ポケモン）は〝進化〟します。しかし、生物学的に見ると、これは〝進化〟ではなく〝変態〟です。世代を経ずにある個体が変化する現象は、生物学的には〝進化〟と言いません。アオムシがチョウになるのと同様に、これは英語ではトランスフォーメーション（Transformation 変態）、フランス語だとメタモルフォーゼ（metamorphose 変態）で、evolution ではありません。生物学においては、世代を超えた生物の変化のことを〝進化〟と言います。

日本語だけでなく、英語文化圏でもしばしば、あるものが改良されていくという意味合いで〝進化〟という言葉が使われます。Googleに〝evolution〟と入れて検索すると、たくさんの〝進化〟が出てきますが、こうした一般用語で使われる「進化」（evolution）という言葉の背後には、〝進歩〟のイメージがあります。何かが良くなっていく、それを〝進化〟という言葉で表現していることが多いように見受けられます。

〝進化〟とはすなわち〝進歩〟なのでしょうか？　生物学的には答えはノーです。進化とは、必ずしも進歩を表す言葉ではありません。少なくとも生物学者は、そういう意味で進化という言葉を使っていません。では、どういう意味でこの言葉を使っているのでしょうか。

†ダーウィンが提唱した「自然選択」

ここで再びチャールズ・ダーウィンの話に戻りましょう。ダーウィンは若い頃から、非常に優秀な科学者だったそうです。

当時は地質学・生物学などを含む、今で言う博物学に相当する学問があり、あまり細分化されていない〝科学〟がありました。ダーウィンはこうした博物学に取り組んだ科学者でした。「デボン紀」という地質年代を発見した地質学者ジョン・スティーヴンズ・ヘンズローとケンブリッジ大学在学中に出会い、師事していました（参考文献32、60頁）。

ダーウィンはビーグル号に乗り込み、世界中を旅してさまざまな生物・鉱物について記録、スケッチしました。先ほどのフィンチについての考察も、これに含まれます。昨今の科学者は実験室・研究室に籠っているというのが多くの人のイメージかもしれませんが、ダーウィンの頃の科学者たちはフィールドに出ることが当たり前だったのでしょう。

ダーウィンは自然を観察し、そこからさまざまな理論を紡ぎ出しています。特に有名なのは、ガラパゴス諸島におけるゾウガメやイグアナの観察から得られたインスピレーションでしょう。イグアナには海に住むもの（ガラパゴスウミイグアナ）、陸に住むもの（ガラパゴスリクイグアナ）がいます。ダーウィンは同じ種でも環境によって大きな生態的・形態的違いが生じていることに着目し、「自然選択」（natural selection）という言葉を使っています。natural selection は「自然淘汰《とうた》」と訳される場合もあり、研究者の間でも日本語表記の統一はされていません。どちらでもよいのですが、本書ではいちおう自然選択で統一しておきましょう。

では、自然選択とはいったい何なのでしょうか。自然選択には人為選択（artificial selection）という対立概念があります。人為選択とは、要するに畜産業で行われるところの育種あるいは品種改良です。ダーウィンは人為選択に対して、自然選択という概念を提示したのです。

ダーウィンの母国であるイギリスでは牧羊が非常に盛んですが、畜産業で育てられている羊の品種のほとんどは人為的に作られたものです。少しでも品質の良い羊毛、味の良い食肉を得るために何世代かでかけ合わせ、新たな品種を作ります。イギリスでは古い時代から、さまざまな種類の野生の羊から人間にとって役に立ちそうな特徴を持つ羊を人為的に選択して新たな品種を作るということが当たり前のように行われていました。

日頃からそのような光景を目の当たりにしていたダーウィンは、自然界でもそれと同じようなことが行われていることに気づいたのでしょう。島によってフィンチのくちばしの形状が異なるのは、A島ではこのくちばし、B島ではこのくちばしというように、それぞれの島の自然環境が形状を〝選択〟した。つまり自然選択とは「人による選択」ではなく、「自然による選択」という意味なのです。この自然選択という考え方は、ダーウィンによって初めて体系化されました。

†「生物の変化」についての諸概念

ダーウィンの他にも、生物が時間とともに変化していくということを考えた学者は複数いたようです。こうした歴史については、第3章で登場した斎藤成也の著書（参考文献15、17）に詳しいのでそちらを読んでいただけたらと思います。

そうした学者の一人として是非挙げておきたいのがフランスのジャン＝バティスト・ド・ラマルク（Jean-Baptiste de Monet Lamarck、1744〜1829）です。ラマルクは1809年、ダーウィンが生まれた年に著した『動物の哲学』で用不用説を唱えています。

用不用説とは、簡単に言えば「よく使用する器官は強くなり、使わない器官は弱くなる」という考え方です。たとえば鳥には空を飛ぶための羽があるから、脚はそれほど発達していない。

一方でチーターやトラは速く走らなければ獲物にありつけないから、脚が非常に発達している、ということです。このように、生活環境や生態によって変化した形態的な特徴を〝獲得形質〟と言います。

ラマルクは、この〝獲得形質〟が遺伝すると考えました。ある個体が獲得した形質は子孫に伝えられ、これによって生物は変化していく。そういう考え方です。たとえば私がジムへ通って筋肉を鍛えたとします。実際はそううまくはいきませんが、仮に素晴らしく筋肉が鍛えられたとします。そんな中、子供を授かったとします。すると、その鍛えた筋肉が子供にも伝わる。これが獲得形質の遺伝です。スポーツ選手の子供が優れた運動神経を持つのは、その選手が努力の結果として獲得した優れた運動神経が子供に遺伝しているからだと考えるのは、ラマルク的な考え方に基づいています。

ラマルク的な生物進化の考え方はラマルキズムとも呼ばれますが、現在ではこの考え方はほぼ否定されています。ラマルクの頃には、親の形質が子に伝わるという「遺伝」の概念はあったものの、遺伝のメカニズムは分かっていませんでした。遺伝のメカニズムが分かっている現在、スポーツ選手が体を鍛えたからといって、その鍛えた肉体を伝える遺伝子が子供に伝わるわけではないことは明らかです。第1章のセントラル・ドグマのところでお話ししたようにDNAは細胞核の中でRNAに転写され、RNAは細胞質でタンパク質に翻訳されますが、「鍛えられた筋肉」の情報、すなわちタンパク質の情報からRNA、そしてDNAへと伝える仕組みは、いかなる生物にも備わっていません。

†獲得形質は遺伝するか、という問題

ところが、最近になって分子レベルで、「ラマルキズムもありか？」という生物学的メカニズムが脚光を浴びています。エピジェネティクス（epigenetics）という現象で「DNA配列の変化を伴うことなく染色体における変化によって生じる安定的に受け継がれる表現型」と定義されています（参考文献28、21頁）。この定義にあるようにDNA配列がメチル化という化学修飾を受けることで遺伝子の発現が制御される機構や、DNAが巻き付いているヒストンタンパク質がアセチル化され、遺伝子発現制御と関わっているのもエピジェネティクスの1つです。

メチル化やアセチル化とは、生活環境や年齢などによって変化するものです。もしも「鍛えられた筋肉」の情報がメチル化とかアセチル化という形で情報化され、さらにこれが子孫に伝わるならば、ラマルク的な進化と考えられるのではないかという見方もできます。

しかし、「鍛えられた筋肉」がもしエピジェネティックな変化として達成されているとしたら、それは体細胞に起こりますが、子孫に伝えられるためには生殖細胞にその情報が伝わらなければなりません。でも、そういう分子メカニズムはまだ十分に理解されていません。基本的

なメカニズムとして、用不用説で考えられている獲得形質の遺伝による進化と環境因子による獲得形質とは区別して考えるべきですので、エピジェネティクスがあたかもラマルキズム復活の救世主のように言うのは間違いだと私は考えています。

用不用説vs.自然選択説

ラマルキズムに対し、ダーウィン的な進化の考え方をダーウィニズムと言います。どちらも「イズム（-ism）」つまり「主義」ということで、哲学的立場を思わせる字面があまり自然科学には似つかわしくない言葉ですが、一般的に使われています。この場合のイズムは「考え方」という程度の意味だと私は理解しています。

「ダーウィン的な進化の考え方」とは、ダーウィンが実際に言ったとか、書物に記述したとかではなく、ダーウィンの残した言説をもとに類推した考え方という意味です。ダーウィン的考え方とラマルク的考え方の違いを説明する時、しばしば「キリンの首はなぜ長いのか」という話が、進化の例として持ち出されます。

キリンの首はなぜ長いのかという問いに対して、ラマルク的な考え方の場合、まず祖先種として首の短い動物、ここではプレキリンと呼びましょう、を想定します。木の上の方に生えている葉を食べたいプレキリンは首を伸ばしてそれを食べようとします。何世代にもわたって首を伸ばし、木の上の方に生えている葉を食べようと努力しているうちに首が長くなり（用不用）、キリンが誕生した。このように、何世代にもわたる努力が報われて形質が変化するというのがラマルク的な考え方です。

一方でダーウィン的な進化では、次のように考えます。キリンのもとになる生物、プレキリンには、首の長いものの首の短いものの両方がバリエーションとして存在していました。バリエーションは突然変異で生じたもので、首の長いプレキリン、短いプレキリン、どちらが祖先型でもここでは構わないわけです。仮に短い方が祖先型だとすると、派生型である首の長いプレキリンが突然変異によって生まれてきたことになります。

上の方にしか葉が生えていない木が群生している自然環境では、首の短いプレキリンは葉を食べることができず、生存に不利です。一方、首の長いプレキリンは葉を食べることができ、生存にとって有利であり、より多く子孫を残すことができます（自然選択）。その結果、集団の中で首の長いプレキリンが増えていって、結果的にキリンが誕生した。つまり取り巻く環境に適応した形質を持つ個体が子孫をより多く残すことで集団が全体的に変化していく、というのがダーウィン的な考え方です。

ラマルク的考え方を簡単にまとめると次のような感じです。「生物は個体レベルで環境に適応し、獲得した形質が子孫に伝えられ保持される。獲得形質は遺伝し、これにより生物は変化していく」。それに対してダーウィン的考え方は「突然変異の一部が子孫に伝えられることがある。突然変異が生存と繁殖に有利な場合生き残り、これにより生物は変化していく」というまとめになります。

ダーウィンは獲得形質が遺伝することを完全には否定していなかったようです。しかし、基本的にはこれを想定していなかったと言われています。つまりダーウィンは、ラマルク的考え方を引き継いではいなかったということです。

†適者生存という曲解

19世紀の後半になると生物は自然選択により進化するという考え方が一般化し、主流となっていきます。これに伴いラマルク的考え方は完全に否定され、自然淘汰万能主義とも言われ、20世紀前半までその傾向は続きました。

ダーウィン的進化の考え方を表す言葉として「適者生存」(survival of the fittest)が有名ですが、これもダーウィン本人の作った言葉ではありません。ダーウィンと同時代に生きたハーバート・スペンサーが1864年に著した『Principles of Biology』に登場する言葉です。スペンサーは社会進化論を提唱した哲学者で、適者生存という概念は、自然選択の概念が誇張され拡大解釈されたものであり、科学的用語ではありません。

しかし、産業革命以降のイギリスにおける資本主義の発達とも相まって、適者生存という考え方は人々の間に浸透していきました。力のある強い者（＝適者）が、弱い者を制し、より抜きんでていく。弱肉強食の世界、格差を肯定する概念として捉えられ、人文系の学問や社会をも巻き込んで急速に広まっていきました。ダーウィン的進化の考え方が本来の意味からズレて、曲解されていたにもかかわらず、です。

ダーウィン自身は、自然選択の概念を社会の進化にまで当てはめることはしていないのに、あたかもダーウィンが社会進化を理論づけたかのような印象を与える言説も少なくありません。ダーウィンにとっては不本意だと思われますが、とにかく自然選択によって生物は変化するという考え方は、当時のキリスト教的秩序の中で嫌われた側面はあったものの、ごく一般的に信じられるようになりました。

†メンデルはダーウィンと同時代人だった

ここで、遺伝学の祖であるグレゴール・ヨハン・メンデル（Gregor Johann Mendel、1822〜1884年）について触れたいと思います。ダーウィンはイギリス人ですが、メンデルはオーストリア人です。（1）優性の法則、[*7]（2）分離の法則、（3）独立の法則の3つから成るメンデルの法則は有名です。

あまり知られていないことですが、ダーウィンとメンデルは、ほぼ同時代に生きた人たちです。当時、ダーウィンはいわゆるスター科学者で、世界中（といっても当時はヨーロッパが世界でしたが）に名を馳せていました。宗教界から批判されたとしても、その知名度は抜きん出ていました。他方、メンデルの本業は修道院に勤める聖職者で、生物学者としては無名でした。メンデルは若い頃から非常に優秀だったそうですが、身体が弱かったため神職に就いたと言われています。彼は司祭として教会に勤めながら、半ば趣味として修道院の裏庭にエンドウ豆を植え、交配実験を行いました。そしてメンデルの法則を発見し、1865年に学会で口頭発表し、その翌年に論文を発表しています。

しかしダーウィンはほぼ間違いなく、メンデルの論文を読んでいなかったでしょう。ダーウィンは遺伝の法則を知らないまま、この世を去ったと思われます。ダーウィンが生きている間

＊7　日本ではこの dominant という英語を優性、recessive を劣性と訳してきましたが、最近、日本遺伝学会や日本人類遺伝学会が中心になって、これらの訳を dominant／顕性、recessive／潜性とすることを提唱しています。というのも、優性・劣性の語感が、表現型の優劣だと誤解させる面があり、実際に医療・看護などに携る人でも、そのように理解している人がかなりの割合を占めることが分かったからです。本来、優性・劣性は表現型として顕在化する方が優性、潜在的な方が劣性という意味でしたから、表現型の優劣とは無関係です。こうした誤解を生じさせないように、顕性・潜性を使おうという提案です。

に遺伝の法則を知っていたら歴史は変わったでしょう。でも、歴史における「たら・れば」は意味を持ちません。ダーウィン的進化の考え方は遺伝の法則を抜きにして作られ、ダーウィンは遺伝の法則を知らないままこの世を去ってしまいました。

†科学論文の査読システム

1866年にメンデルがこの法則についての論文を発表した時、ほとんど誰からも相手にされませんでした。無名のお坊さんが趣味でやった、あまりぱっとしない研究として当時の学界からことごとく無視されたのです。その当時、遺伝という概念は存在しましたが、メンデルの法則は長らく忘れられていました。しかし20世紀初頭、オランダの生物学者ユーゴー・ド・フリース（1848～1935年）がメンデルとほぼ同じ実験をして論文を発表しました。

科学雑誌には査読（レビュー）というシステムがあります。研究者は論文を書いても、すぐに専門誌に発表できるわけではありません。まず専門誌（ジャーナル　journal）に論文原稿を送ると、編集者（エディター）は2～3人の査読者（レビュアー）にそれを回します。レビュアーは、その論文の著者以外で、その分野を理解できる科学者です。つまり同業者ですが、第三者であるレビュアーが審査員となって論文を読み、論文原稿に書かれていることは科学として価値があるのか？　データの解釈は間違っていないか？　本当にあり得るのか？（著者の妄想ではないか?）　新たに主張される新説には十分な証拠は揃っているのか？　そういったことが審査されます。

審査の結果、掲載却下（リジェクト）という場合もあります。要するに不合格ということです。リジェクトは免《まぬが》れ、レビュアーから査読結果が返ってきた場合、論文原稿の執筆者はレビュアーの疑問に答え、足りないと指摘されたデータを付け加えて改訂稿（リビジョン）を提出します。通常はさらにレビュアーにリビジョンが審査され、批判されれば再び改訂を行い、レビュアーが納得するまでこれが繰り返されます。

この査読の過程を経た論文のみが、専門誌に掲載されます。査読を受けたかどうかが、論文に書かれた科学的発見の信頼性を判断するうえで重要な鍵となるのです。科学論文の信頼性を保つため、査読はきわめて重要なプロセスとなっています。

もちろん、審査を通っていながら専門誌に掲載された後に批判される論文も少なくありません。2014年に『ネイチャー』誌に掲載されたSTAP細胞の論文はその一例です。査読のシステムを通ってきているという前提で、科学者はその論文の内容を信用して読みます。これは科学における約束事であり、非常に重要なポイントです。私たちの論文が評価され、なおかつ社会的な功績として認められるためには、レビュアーによる査読という審査システムが必須なのです。

†再発見された遺伝の法則

さてド・フリースは、メンデルとほとんど同じ実験をして論文を書いたわけですが、彼はメンデルの理論を真似したわけではありません。メンデルの法則は埋もれ、歴史の中で忘れ去られていました。50年後、ド・フリースはそれを知らずにほぼ同じ実験をし、1900年に論文原稿を専門誌に投稿しました。

このド・フリースの論文原稿の査読の過程で、一人のレビュアーが過去の研究をつぶさに調べ「あなたと同じ実験を、50年前にすでにやっていた人がいますよ」と査読の中でコメントしたのです。著名な大学教授でもあったド・フリースは、これを聞いて驚くと同時に激怒しました。過去に自分と同じ実験をして発表した人がいた。しかもそれが無名の人物だったためになおのこと怒り、最初はメンデルの研究をもみ消そうとしました。さすがにそれはできず（ここが科学の健全な一面ですが）、ド・フリースは結局、メンデルの実験を再発見した人物として歴史に名を残すこととなりました。これによりメンデルの法則は、20世紀に再登場します。

†科学論文の言語と公平性

私たち研究者は一本一本の論文にかなりのエネルギーを注いで書きますが、厳しい査読の過程を経てようやくジャーナルに受理され出版されたとしても、そのほとんどは誰にも読まれず、引用もされずに消えていきます。でも50年後にメンデルのように評価されるかもしれないという一縷《いちる》の望みを抱き、日々論文を書いています。

ちなみに現代の科学の世界では、論文は英語で書きます。英語で論文を書けば、それを読んでくれる査読者は世界中にいることになります。査読者が論文の執筆者と利害関係のない同業者であることが、査読のプロセスにとって重要なのです。

逆に言えば、英語で書いたものでないとほとんど研究業績として評価の対象になりません。たとえオリジナルの論文でも日本語で書くと、日本人しか読めないため、査読者も日本人に限られてしまいます。しかもその査読者が、研究費を取り合う競争相手ということも十分にあり得るし、逆に研究費を分け合う仲間である可能性もあります。そういう状況では、公平な審査が妨げられないとも限りません。利害関係のない幅広い査読者に審査してもらうためには、世界で一番使われている言語、つまり英語で書くしかありません。

STAP細胞の論文も『ネイチャー』という権威ある雑誌に掲載されたからこそ、世界中の人たちがつぶさに調べて捏造《ねつぞう》を見つけたわけです。論文が日本語で書かれていたら、あそこまで早く不正を見つけることはできなかったでしょう。論文の執筆者である科学者がつねに英語を得意とするわけではないのに、あえて英語で論文を書くのは、英語が世界で最もよく使われている言語で、これを母国語とするアメリカやイギリスが学界において強い力を持っているからです。それ以外に理由はありません。

私たちも英語を母国語とする査読者から「あなたの英語は下手くそで理解するのが困難だ」と言われることはしょっちゅうあり、何度も書き直しをさせられることもありますが、英語で書かざるを得ません。それでも査読制度があるおかげで不正が防がれ、時には埋もれていた仕事の再発見・再評価にもつながるという大前提があるのです。

3　集団遺伝学の誕生と中立説

†木村資生によるパラダイム転換

メンデルの遺伝の法則が再発見されたことによって遺伝の理論と進化の理論が結びつき、1920年頃から集団遺伝学（population genetics）という新しい学問ジャンルが誕生します。

集団遺伝学は生物学の一分野ですが、その実は完全な数理論で成り立っています。ロナルド・フィッシャー（イギリスの統計学者・進化生物学者・遺伝学者。1890〜1962）、シューアル・グリーン・ライト（アメリカの遺伝学者。1889〜1988）、J・B・S・ホールデン

（イギリスの生物学者。1892〜1964）はこの分野の創始者たちです。集団遺伝学の登場により、数学的手法によって生物進化を語る時代が到来しました。

ちなみに、かつての日本の中学・高校の生物学の教科書には集団遺伝学についての記述がほとんどなかったため、一般的に集団遺伝学という言葉はほとんど知られていませんでした。今もマイナーであることには変わりはないですが、最近の教科書改訂で記述が大幅に増えたため、日本の高校生も授業で集団遺伝学のサワリを習うことができるようになりました。集団遺伝学は生物の個体群を遺伝子プール（後述）として捉え、生物群における進化のプロセスを理解する学問です。

集団遺伝学の出現により、生物進化が数式で表現されるようになりました。この分野には日本人のスター研究者が多数います。中でも、国立遺伝学研究所の所長だった木村資生《もとお》（1924〜1994）はスター中のスターです。その功績はこれから述べるとおりパラダイム転換とも言える衝撃的なものでしたが、ノーベル賞は物故者には授与されないため候補に挙がることはありません。

木村は1968年に『ネイチャー』誌に発表した論文で、分子進化の中立説を提唱しました。一般向けには、岩波新書から『生物進化を考える』という本も出ています（参考文献10）。『ネイチャー』誌に発表された論文には数式が数多く出てくるため容易には理解できませんが、その内容は生物の進化を考えるうえで非常に衝撃的なものでした。ラマルク的進化理論（用不用説）が完全に否定された後、ダーウィン的進化理論（自然選択説）が支配的になったと先ほど述べましたが、この論文が出てきたことにより、さらにそれが覆されました。

つまり生物の進化を説明する理論として、自然選択説の考え方は「間違いではないが、かならずしも全ての進化の現象を説明するわけではない」という認識に転換したのです。少なくとも分子レベルにおいては、現在は中立説の方が自然選択説より一般的な考え方となっており、中立説（hypothesis）ではなく中立理論（theory）として生物学の基礎理論の1つになっています。

分子進化の中立理論とは

ダーウィン以来の発見と言われる木村資生の中立理論はどのようなものか、ダーウィンの自然選択説との対比でごく簡単に説明しましょう。

ダーウィン的進化理論では、突然変異は偶然生まれるけれども、変異が生き残るのは何らかの必然だと考えます。

中立理論でも、突然変異は偶然生まれる、ここまでは自然選択説と同じなのですが、変異が生き残るのもほとんど全てが偶然だ、と考えます。そして、まれにダーウィンが言ったように自然選択で変異が生き残り、集団内での頻度を増します。つまり必然によって生き残る場合もありますが、今現在ゲノム中に観察されている変異のほとんどは、偶然によって生き残ってきたものだ、という考え方です。

論文が発表された1968年当時、生物学では自然選択説が〝常識〟であったため、ほとんどの生物学者は中立説に強く反発し、批判しました。

ところが、1970年代後半から80年代にかけて分子生物学が急速に発達し、タンパク質やDNAのデータが膨大に報告され蓄積されていきました。そうしたデータを分析してみると、いかなる生物でもゲノム中の変異のほとんどが生存にとって有利でも不利でもない中立な変異で、それを報告する論文が多数発表されたのです。こうして、少なくとも分子レベルでは現在観察されている変異のほとんどは生存にとって有利でも不利でもない中立な変異であるという考えが〝常識〟になりました。

自然選択説でも中立理論でも、突然変異のほとんど全ては、有害なものという前提に立っています。生殖細胞のゲノムに起こった有害な変異は生命として生まれてこないか、たとえ生まれてきたとしても次の世代までその変異が受け継がれる確率が低いので、集団の中からすぐに消えてなくなってしまいます。これを「負の選択」(Negative Selection)と呼びます。

私は、このことを話すとき、腕時計を分解する話にたとえています。腕時計を分解してネジを全て外し、それらのネジを純正でないものと入れ替えて組み立て直した場合、前より性能がよくなることはほぼあり得ないことは、ほとんどの人が感覚的に同意できると思います。むしろ、具合が悪くなることの方が多いでしょう。突然変異に関しても、これと同様のことが言えます。純正のものが引き継がれていくことが、正常に動くことの前提ですので、それが少しでも純正でないものに変われば、生存にとって不利となります。突然変異は基本的に有害であり、子孫を残さないと考えられるのです。したがって進化に寄与しません。

次に、進化に寄与する突然変異を考えます。自然選択説では、進化に寄与する変異は生存に有利に働くと考えます。一方、中立理論では、進化に寄与する変異のほとんどは有利でも不利でもない中立な変異で、有利な変異はその中のごく一部に過ぎないと考えます。この点が2つの理論の大きな違いです。

分子生物学が生物学のメインストリームに躍り出て、タンパク質やDNAのデータが膨大に報告され、そして実際にそのデータを分析すると、ダーウィン的進化理論で解釈できる変異はごくわずかで、ほとんどの変異が生存にとって有利でも不利でもない中立なものだったのです。そんなわけで、少なくとも分子レベルの進化では、自然選択説に取って代わって中立理論が常識となりました。

しかし、注意していただきたいのは、中立理論によりダーウィンの自然選択説が否定されたわけではないということです。生存のために有利に働く変異もないわけではありませんが、ゲノム中に存在する変異全体から見ればマイノリティーだという認識がパラダイム変換の主たる部分だと言えます。

進化とはなにかを再考する

ここまで述べてきたことからも分かるように、進化は進歩ではありません。生物集団内で、世代を超えて遺伝子頻度が変動する連続過程こそが進化です。それでは、遺伝子頻度を変化させる大きな要因は何でしょうか？　それは、この章の前半でも触れた遺伝的浮動（Genetic drift）です。

ここで中立理論を説明するための基本用語として、突然変異、遺伝子頻度、遺伝的浮動の3つの言葉についてもう少し詳しく見ていきましょう。

突然変異とは

突然変異という言葉は、英語の mutation の訳語です。私たちは何気なく日常会話でも突然変異という言葉を使いますが、変異が起こる時は〝突然〟起こるわけではありませんし、〝突然〟とわざわざ断る必要もありません。専門家の間では、mutation の訳語として「突然」を取って単に「変異」とすべきではないかという意見もあります。とはいえ「変異」だけではニュアンスが伝わりにくく感じる人もいるようですので、本書では「突然変異」と「変異」を文章の流れに合わせて適当に使ってきました。この項では「突然変異」という訳語を用います。

日常の会話では、たとえば学校のクラスのなかにちょっと変わった人がいると「あいつは突然変異だ」などと言ったりしますが、分子レベルにおける突然変異は「変わり者」という意味は含みません。教科書的には、分子レベルの突然変異をDNAに起こる突然変異と染色体に起こる突然変異で分けて説明しています。またそれぞれについてもいくつか種類があります。

DNAに起こる突然変異に、点突然変異(point mutation)があります。1世代目にGという塩基であった場所が、2世代目にはAに置き換わる。これを点突然変異と言い、塩基置換という言い方と同義です。文字(塩基)が抜け落ちたり、逆に余分に入ったりする突然変異もあり、それぞれを欠失(deletion)、挿入(insertion)と呼びます。

染色体レベルでは染色体の一部が通常とは逆の向きになったり(逆位)、重複したり(重複)、別のところに移動したり(転座)、ダイナミックな変異が起こっています。染色体の数そのものが変化する場合もあります。たとえばヒトの性染色体は通常XYまたはXXですが、XXYと3つの性染色体を持っている人もいます。ヒトの場合、染色体の数が変化するといわゆる先天異常を引き起こす場合がありますが、魚類では染色体の数が増えた倍数体の個体は、身体が大きくなるだけで、何の支障もなく生きていたりします。

†子孫に伝わる変異、伝わらない変異

繰り返しになりますが、突然変異は個体の生存にとっては基本的に有害なものと考えられています。ヒトの細胞の数は、37兆個と言われていますが、そのうちの大半が体細胞と言われる細胞です。皮膚の細胞などが体細胞です。体細胞は生殖細胞に対する対義語です。体細胞レベルで起こった突然変異は、ガンの原因となる可能性があります。たとえば紫外線を多く浴びると皮膚の細胞の中のＤＮＡに突然変異が起こり、皮膚ガンの原因になる可能性があります。

しかし私たちの身体のどこかの体細胞に個別に起きた突然変異は、子孫には伝わりません。子孫に伝わるのは、生殖細胞がつくられる過程で生殖細胞の中のＤＮＡが複製する際にエラーが入った場合のみです。生殖細胞に変異が起きた場合は、子孫に伝えられますから、長い目で見れば進化に関係してきます。

２０１１年の３・11東日本大震災で、福島第一原発から放射性物質が大量に放出された時、女性と子供を一刻も早く避難させなければならないと言われました。女性は、自身が母親の胎内にいる時からずっと同じ生殖細胞（卵子）を持っており、これは変わることがありません。放射線は線量にもよりますが突然変異が起こる率を上げます。強い放射線を浴びて生殖細胞に

変異が起これば、そのまま次の世代に伝わります。一方で男性の場合、毎日大量に生殖細胞（精子）を作り、それを排出しています。仮に精子が放射線を浴び、突然変異が起きたとしても、それは数日内に体外に排出されていくため、子孫に伝わる確率は女性より小さいと言われています。女性の避難が特に呼びかけられたのはこうした男女における生殖細胞のあり方の違いも反映されています。

少し脱線しますが、精子は大量に作られる分、DNA複製の際のエラーが起きる頻度も高くなります。最近の研究では、男性は年齢が上がるほど、精子のDNAにエラーが入る確率が上昇していくことが分かってきました。これまで高齢出産に伴う先天性の疾患リスクは、女性側の卵子の老化が原因と言われてきましたが、男性側も高齢になればなるほど生まれてくる子が先天性疾患に関連する変異を持つリスクが高まると考えられています。つまり高齢出産に伴う先天性疾患リスクは、女性の側だけに原因があるという考えは間違いです。

†遺伝的多型とは、アレルとは

DNA複製の際に変異が起こるとお話ししましたが、実際にはそれほど高い頻度で変異が子孫に伝えられているわけではありません。細胞にはDNAにエラーが入った場合、これを修復する仕組みがあるため、子孫に伝わるエラーは実際に起こっているエラーよりずっと少ないと想像できます。ごくまれにエラーが子孫に伝わる。これが進化に関係する突然変異です。変異は基本的に個体の生存にとって有害だと話しましたが、同時に、変異は個々の個体の個性の源でもあります。

たとえば、ここにジョン、ジョージ、ポール、リンゴの4人がいるとします。DNAのある領域に着目したとき、その配列中、ジョンの9番目のサイトはGだけど、ジョージとポール、リンゴではここがAになっています。そしてジョンとジョージの24番目のサイトがGですが、ポールとリンゴではここがCになっています。このDNA上での文字の違いがそのまま個々人の遺伝的な個性のもとになっているのです。

第1章でも述べましたが、ある集団において、祖先配列に、ある突然変異が入りその突然変異が集団内で頻度を増し、1パーセント以上になった場合、これを遺伝的多型（genetic polymorphism）と呼びます。特に、今述べたような1つの文字が変化しているものを一塩基多型（SNP：single nucleotide Polymorphism）と呼び、こうしたバリエーションがある場所を多型サイトと呼びます。

いま挙げた例の場合、9番目の多型サイトでジョンはG、ジョージとポール、リンゴはAを持っていました。こうした多型サイトにおけるバリエーションの一つ一つを「アレル」（allele）と言います。アレルはかつて「対立遺伝子」と訳されていましたが、この呼び方だと文字の置き換えがある部分のみが遺伝子であるかのような誤解が生じてしまいます。最近ではバリエーション自体を指す言葉としてドイツ語風の「アレル」か英語の発音の「アリール」が使われています。つまり9番目の多型サイトに関してジョンはGアレル（アリール）を持っていて、ジョージ、ポール、リンゴはAアレル（アリール）を持っている、という言い方をします。

遺伝子頻度とは

では、遺伝子頻度とは何なのでしょうか。これもDNA配列を調べることができなかった時代、遺伝子の頻度という意味で遺伝子頻度と呼ぶようになりましたが、今の時代はDNAレベルで多型の頻度を見ることができるので、遺伝子頻度とはアレル頻度と同義です。

たとえば、ある多型サイトにはCアレルとTアレルが存在するとします。50人の集団を考えると、一人一人は母親からもらったアレルと父親からもらったアレルがあるので、集団全体では100のアレルが存在し、それらがCアレルかTアレルかのどちらかなわけです。Cアレルが60、Tアレルが40あれば、この集団でのCアレルの遺伝子頻度は60パーセント、Tアレルの遺伝子頻度は40パーセントということになります。

少し複雑なのは、集団の中でのアレル頻度は上記の通りですが、一人一人は両親からもらった2つのアレルを1セットで持つので、CCを持つ人とCTを持つ人とTTを持つ人がいます。CCを持つ人をCのホモ接合と言い、TTを持つ人をTのホモ接合と言います。CTを持つ人はヘテロ接合と言います。このCC、CT、TTを「遺伝子型」といい、集団における「遺伝子型の頻度」は遺伝子頻度（アレル頻度）とは異なります。この点、注意する必要があります。

†ハプロタイプとは

同じ染色体上の2つ以上の多型サイトの組み合わせをハプロタイプと呼びます。このハプロタイプの頻度も広義の遺伝子頻度（アレル頻度）として扱う場合があります。

ハプロタイプとは、もともとハプロイド（haploid）のタイプという意味です。ハプロイドとは一倍体のことです。ハプロイドに対する対義語はディプロイド（diploid）です。

細胞核に格納されているゲノムは母親と父親の双方から受け取ることは繰り返しお話ししていますが、この両親からくるゲノムを二倍体といいます。ディプロイドとは二倍体のことです。これに対して、母親からしか遺伝しないミトコンドリアDNAや父親からしか遺伝しないY染色体の大部分をハプロイドと言います。ハプロイドのタイプをハプロタイプと言うのですが、ディプロイドにおいても、二倍体の片方のタイプをハプロタイプと言うのです。

前出のジョン、ジョージ、ポール、リンゴの例では、ハプロイドであるミトコンドリアDN

AやY染色体かディプロイドのゲノム領域かを示しませんでしたが、話を簡単にするためにミトコンドリアDNAのハプロタイプとして話を続けましょう。

遺伝子頻度と言った場合、特定の集団におけるアレルの頻度だと話しましたが、集団が異なれば同じホモ・サピエンスでも頻度は異なることがあります。ハプロタイプ頻度の場合も同じことで、たとえばジョンのミトコンドリアDNAの9番目の塩基はG、24番目の塩基はGです（GG）。そしてジョージのミトコンドリアDNAの9番目の塩基はA、24番目の塩基はGです（AG）。さらにポールとリンゴのミトコンドリアDNAの9番目の塩基はA、24番目の塩基はCです（AC）。9番目と24番目の遺伝子の組み合わせを見ると、ジョンはGG、ジョージはAG、ポールとリンゴはACです。

こうしたハプロタイプ頻度も地域ごとに異なるのが観察されます。東アジアではAGのタイプが比較的多く、ヨーロッパではACのタイプが圧倒的に多い、というような感じです。でも東アジアでAGタイプが多いからといって、AGタイプを持つジョージが東アジア人だということにはなりません。この4人がイギリス人だとしたら、イギリスには少なくともGG、AG、ACのタイプがいるんだなと分かるだけです。

†遺伝的浮動とは

本章の冒頭で述べたように、集団による遺伝子頻度の差を生じさせる要因は主に自然選択、移住、遺伝的浮動の3つです。特に多くの集団においては遺伝的浮動が主な要因です。では、遺伝的浮動（ランダム・ジェネティック・ドリフト random genetic drift）とは何でしょうか。

ドリフトというと自動車やバイクのドリフト走行を思い出す人もいるかもしれませんが、英語の drift は海上を漂流するとか、転々とするという意味です。集団遺伝学では浮動という訳語が当てられています。遺伝的浮動とは、遺伝子頻度がランダムに変動することを意味します。

では、遺伝子頻度が変動するとはどういうことでしょうか？ ある1つの集団を考えます。具体的な生物の集団というよりは、前にも一度登場しましたが「遺伝子プール」というものを想定します。遺伝子プールは配偶子プールとも言います。配偶子とは、精子や卵子のことです。ただ、抽象化して説明しようとしていますから、いまは雌雄の区別を考えません。だから配偶子という言葉を使います（図21）。

黒タイプ・白タイプ、2つのタイプのアレルが均等にあるとします。第1世代では黒アレルが5個、白アレルが5個です。この10個で構成される遺伝子プールの中から配偶子を取り出します。たまたま黒アレルの方が多く取り出されたとします。たとえば、図21では偶然3個の黒

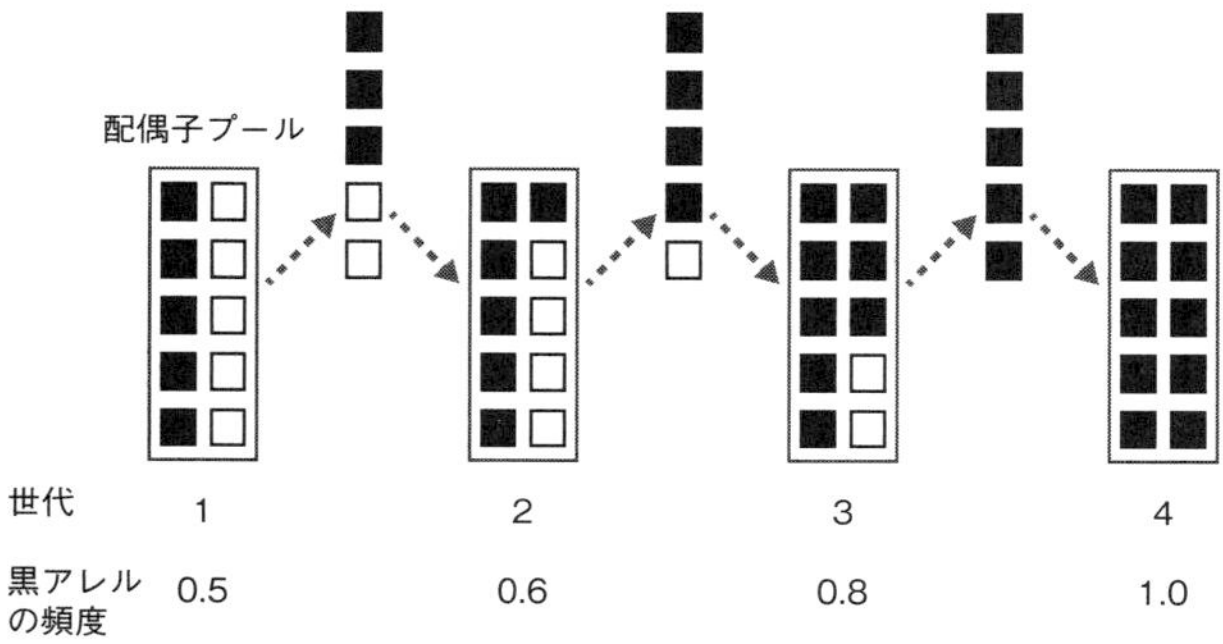

図21：遺伝子頻度の変動

が取り出されています。この配偶子たちが受精し、この集団の第2世代が誕生します。この時集団サイズ（人口）に変化がないという条件が付きますが、この集団における第2世代の黒アレルの遺伝子頻度は0・6で、白アレルの遺伝子頻度は0・4になります。そうすると、第2世代の配偶子プールでは、少しだけ黒アレルが多く存在します。次の世代ができる時に取り出される配偶子には黒アレルが多く含まれる確率が高くなるということです。そして第3世代では黒アレルの遺伝子頻度は0・8に増えています。さらに次の世代でも数の多い黒アレルが選ばれる確率が高いので、この集団の第4世代では、全部のアレルが黒になってしまっています。

ポイントは、生存にとって黒アレルの方が有利なわけではなくても、最初の段階でたまたま黒アレルが少しだけ多く取り出されたことにより後の世代では全て黒アレルになるということが起こっていることです。遺伝的浮動とは、このように遺伝子頻度が偶然によって変動することを言います。

†偉大なる偶然の効果

こうした偶然のなせるわざについて説明する時、しばしばサイコロの話をします。昔の映画などで博打のシーンに登場するサイコロは正立方体つまり六面体です。理屈の上では正六面体のサイコロを転がすと6分の1の確率でそれぞれの目が出るはずですが、6回転がしただけではその確率のとおりに目が出るわけではありません。たまたま目が1つの面が2回出たり、目が2つの面が3回出たりします。これは誰もが経験的に理解できることですが、サイコロを振る回数(これを試行回数といいます)が少ないと、理論上考えられる目の出る確率からズレることがあります。50回とか100回とか、サイコロを転がす回数が多くなればなるほど、つまり試行回数が増えれば増えるほど、理論値である6分の1に近づいていきます。すなわち、試行の回数が少ない時に理論値とズレが生じることを浮動と言います。

このサイコロの喩えを生物集団に転じれば、遺伝的浮動は集団のサイズが小さい時、ヒトの場合だったら人口が少ない時、その効果が顕著に現れます。偶然の効果です。逆に、集団のサイズが十分に大きい時、つまり人口が多い時、必然の効果が偶然の効果を上回り、理論上予想される結果に近づくのです。

4　突然変異が残るのは必然か偶然か

†生まれつきマイノリティーな突然変異

突然変異が、ある人（ある個人）の体の中、生殖細胞が作られるときのＤＮＡ複製の際に起きて、その変異を含む精子あるいは卵子が、運よく受精して子孫に伝わったとします。仮にこの人の属する集団が１０００人だとすると、その変異を持っている人は、１０００人の中の１人ということになります。これは誰が見ても少数派（マイノリティー）です。この変異を持った人が順調に子孫を残したとしたら、数世代後の子孫の時代に、ある程度はこの変異の頻度が増えているかもしれません。ただしヒトの女性は生涯に産むことができる子供の数は限られていて、子孫を作るにも普通は限界がありますので、ある家系が数世代のうちに絶えてしまうこともしばしばです。したがって、変異が集団内においてマイノリティーであることは変わらず、誕生しても数世代を経た後に消えてなくなってしまうものがほとんどです。

図22は、こうした突然変異の頻度を縦軸にとり、時間を横軸にとったものです。突然変異は集団の中に誕生した時点では常にマイノリティーですから、消えてしまう確率の方が高いこと

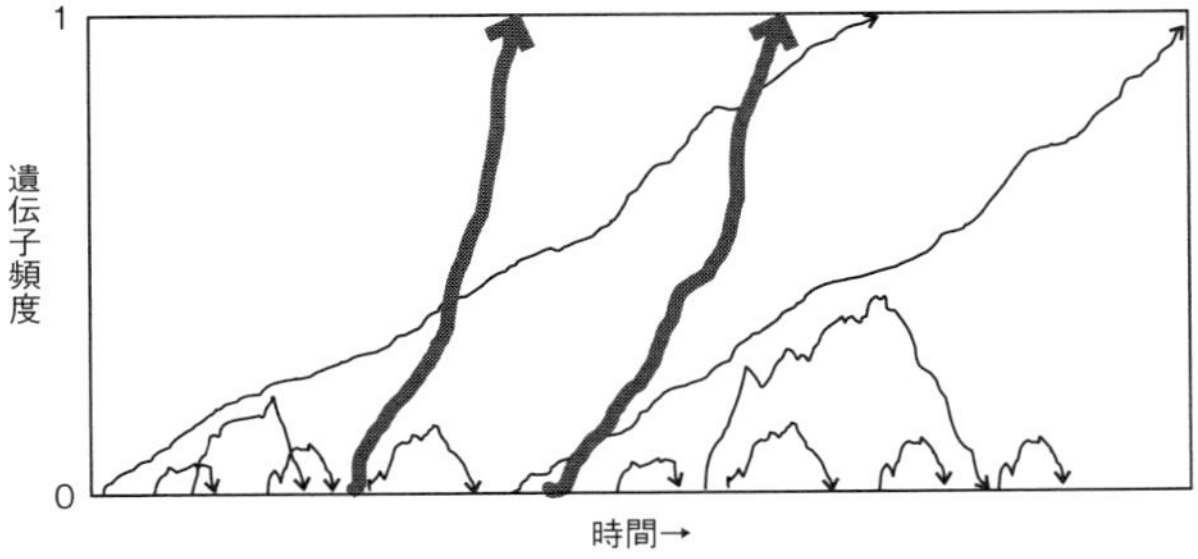

図22：突然変異の発生と時間の経過に伴う遺伝子頻度の変動

については理解しやすいでしょう。ここで話している突然変異は、生存にとって有利でも不利でもない中立変異のことです。図22では、細い矢印の付いた線で表しています。前にもお話ししたように、突然変異は、時計をバラバラにしてまた組み立てた時に、1つだけネジを純正のものから純正でないものに取り替えたようなもので、そもそも生存にとって不利な場合がほとんどです。すると、あっという間に集団から消えていきます。

重要なポイントは、仮に生存にとって不利でなかったとしても、マイノリティーが生き残るのは確率的に難しく、多くが集団から消えてしまうという点です。

†幸運者生存という常識

突然変異には生存にとって有害なもの、中立なもの、有利なものがあります。本当はもう少し細かく分類されますが、ここではざっくり3つがあるとして話を進めます。有害な変異は、それを持った個体がこの世に生まれてくること自体が難しかったり、仮に生まれてきたとしても子孫を残すまで生きることができなかったりするので、集団の中からすぐに姿を消してしまいます。これに対し、ダーウィン的進化では、有利な変異は集団の中で急速に頻度を増していきます。図22に比較的太い矢印線が2つありますが、これが有利な変異です。これを「正の自然選択」（Positive Selection）と呼びます。その有利の程度にもよりますが、今お話ししたように、突然変異はマイノリティーなので、あまり有利の程度が高くない場合は、前述のように中立変異と同じように消えてなくなってしまいます。この程度はその変異が誕生した時の環境によっても左右されます。

有利でも不利でもない中立変異は、たまたま（偶然）ある程度の頻度に維持されると、その頻度は遺伝的浮動によって変動しますが、やはり偶然の効果で多くの場合は集団内から消えていきます。しかし運よく頻度が増えていき、たまたま100パーセントの頻度に達する場合もあります（図22中の太い矢印線）。頻度が100パーセントに達することを集団内に「固定する」と呼びます。

中立変異に対して、ダーウィンが想定した変異は、生存にとって有利な変異です。集団内にそういった変異が生じると、その有利さの度合いが高い場合には、正の自然選択が働き究極的には100パーセントに達します。

自然選択説と中立理論の違いについて説明する時、これらを必然と偶然という言葉に置き換えてお話しするのが分かりやすいかもしれません。自然選択説は必然の効果に着目した学説と言えるかもしれません。前出の適者生存（Survival of the fittest）というスペンサーの言葉が、曲解にしろ、言葉としてはハマっている感じです。中立理論は偶然の効果に着目した理論と言えます。適者生存に対し、〝幸運者生存〟（Survival of the luckiest）と呼ばれたゆえんです。

生物進化の現象全体を見た場合、自然選択と遺伝的浮動のどちらが進化に大きな貢献をしてきたかについては、いまだ議論があります。しかし、ＤＮＡのレベルで見るとゲノム中に存在する変異は生存にとって有利でも不利でもない中立変異がほとんどです。つまり、変異が生き残り、子孫を残していくのは、ほとんどの場合、偶然です。その変異はラッキー（幸運）だっただけで、〝適者〟であったから生き残ったケースは、ゲノム全体の中ではごく少数派であることが、いまの分子レベルでの進化学では常識です。

経済学など生物学とは別の分野で、いまでもスペンサー流の〝適者生存〟的な発想が引用されているのを見ると、私はやや違和感があります。というか、生物学的な考え方を社会科学に応用する場合、ほとんど「適応的視点」が生物学的考え方の代表のようになっています。

もちろん、分子レベルで中立進化、つまり〝幸運者生存〟が現代の常識だとしても、生物進化全体、つまりマクロな進化を考えた場合、中立理論だけで説明する立場には多くの批判があります。しかし、マクロな進化にも偶然の効果が大きく貢献しているケースは多くの生物学者が認めるところでしょう。だとすれば、人間の社会や経済活動を理解するのに生物学的な視点を取り入れる場合、必然の効果よりも偶然の効果がより強く貢献するような、〝幸運者生存〟のような視点がもっとあっても良いと感じます。

進化を研究する難しさ

話を戻しましょう。生物の進化を研究者が観察する場合、つねに困難が伴います。研究者が研究を継続できる期間は普通50年に満たないので、そういう短い時間で観察できる進化的現象は非常に限られるからです。前に生物の進化とは、生物集団内で、世代を超えて遺伝子頻度が変動する連続過程のことだと言いました。時間は常に流れているわけですから、遺伝子頻度は常に変動しています。研究者が観察できる時間には限界があるので、ある特定の集団に着目した場合、ある特定の時点の遺伝子頻度が正確に観察できたとしても、過去の遺伝子頻度の変動の観察や未来の変動の予測には限界があります。

分子レベルの進化は、中立進化が当たり前なので、私のように分子レベルで進化の研究をしている研究者は、ダーウィン的進化で言うところの有利な変異を見つけようとしています。つまり自然選択の痕跡を探しています。

中立な変異が頻度を増す場合は、ゆっくりと増えていくけれど、有利な変異は急速に頻度を増すと先ほど言いました。自然選択の痕跡を見つけようとした場合、突然変異がゆっくりとではなく、急速に増えた痕跡を見つけることができればよいわけです。しかし、研究者はある特定の時点での変異の頻度しか観察できないため、そのアレルが急速に増えたのか、それともゆっくり徐々に増えたのか、判断することは非常に難しいのです。

全ゲノム解析が可能になった昨今、その状況が改善されてきています。その理由と分析の原理は第6章で解説しますが、「ゲノム中で有利な変異を調べる」プロセスの中で発見されたものの好例が、ラクトース分解酵素の変異です。

†生存に有利な変異の例

ヒトは生まれてから一定の期間母乳で育ちますが、離乳食（柔らかくした食べ物）を経て、離乳後は大人と同じ食べ物を食べて育ちます。母乳にはラクトースという炭水化物が含まれ、これがエネルギーのもとになっています。生まれて間もない赤ちゃんはラクトース（Lactose）を分解する酵素・ラクテース（Lactase）を持っています。ドイツ語読みだとラクターゼと言います。

離乳後は、さまざまな食物からラクトース以外の栄養素を摂取できるようになりますので、この分解酵素・ラクテースを作る必要がなくなります。大人になってから牛乳を飲むとお腹がゴロゴロすることがあるのは、体の中でラクテースをつくる量（発現量）が減少するためです。しかし、ヨーロッパを起源とする人々の中には、離乳後もラクテースの発現量が下がらず、大人になっても乳を分解する能力を維持する人が高い頻度で存在します。これを乳糖耐性変異と言います。

牧畜民のように家畜の乳を主な栄養源にしている人たちの場合、体内でラクトースを分解できなければエネルギーを十分に摂取することができません。大人になってラクテースの発現量が減ってしまったのでは、生存にとって不利です。そういう生業を持った人類集団において、大人になってもラクテースが作られ続けるような突然変異は、生存にとって有利に働きますので、集団の中で急速に増加すると考えられます。

家畜の乳を栄養源にしている地域では、ヒトの進化の過程でそのような正の選択が起こりました。まず、ヨーロッパ人の祖先でラクテースを離乳後も発現し続けるような突然変異が急速に増加した痕跡が発見されました。続いて別の研究グループが、アフリカの牧畜民にも、ヨーロッパとは別の突然変異がラクテース遺伝子に誕生し、ヨーロッパとは独立してアフリカでも同様のことが起こった痕跡が発見されたという報告もなされました。

つまりこれらの突然変異は、ヨーロッパとアフリカの人々で独立して起こったわけですが、どちらも牧畜という生業形態を通して、両方の集団で有利に働いたのです。

牧畜農耕が始まったのは西アジアで、約1万年前に遡ると考えられていますが、牧畜が広まって以降、この変異が急速に広まったと推定されています。突然変異それ自体はヨーロッパとアフリカの2地域それぞれで偶然に起こったにもかかわらず、両方とも変異の頻度が急速に増えた痕跡が見つかっています。2地域で独立に正の選択が起こったわけです。これは、結果としてですが、ヒトが編み出した牧畜という生業形態にヒト自らが適応進化したということを意味しています。

†ベーリンジア経由の移住とビン首効果

ゲノム中に起こる突然変異の大半は有利でも不利でもない中立変異だということは、繰り返し述べてきました。でも、具体例がないとイメージが湧きにくいと思います。具体例を挙げてみろと言われたとき、私はしばしばＡＢＯ血液型について話をします。ＡＢＯ血液型のＯ型の分布に着目すると、第1章でも少し触れましたが、アメリカ大陸の先住民にはO型の人が非常に多いです。これは「ビン首効果」（ボトルネック効果、Bottleneck effect）で説明されます。

人類が経験した最後の氷河期は〝最終氷期〟と呼ばれ約2万年前頃に相当しますが、この時期には現在のシベリアからベーリング海峡にかけて、南北の幅が最大１６００キロに及ぶ陸地が広がっていました。これをベーリング地峡あるいはベーリンジア（Beringia）と呼んでいます。このベーリンジアを通り、ユーラシア大陸の東の端、シベリア辺りに住んでいた人々が北アメリカ大陸へと渡って行ったと考えられています。なぜ移住したのかについては諸説あり、マンモスなど狩猟の獲物である動物を追って移動したという説もありますが、はっきりしたことは分かっていません。

ベーリンジアは細い回廊のような所であったため、当然のことながらユーラシア大陸に住んでいた頃の全員が移住できるわけではありません。集団の一部が移住して、その時人口が減少し、ビン首効果をもたらしたと考えられます。

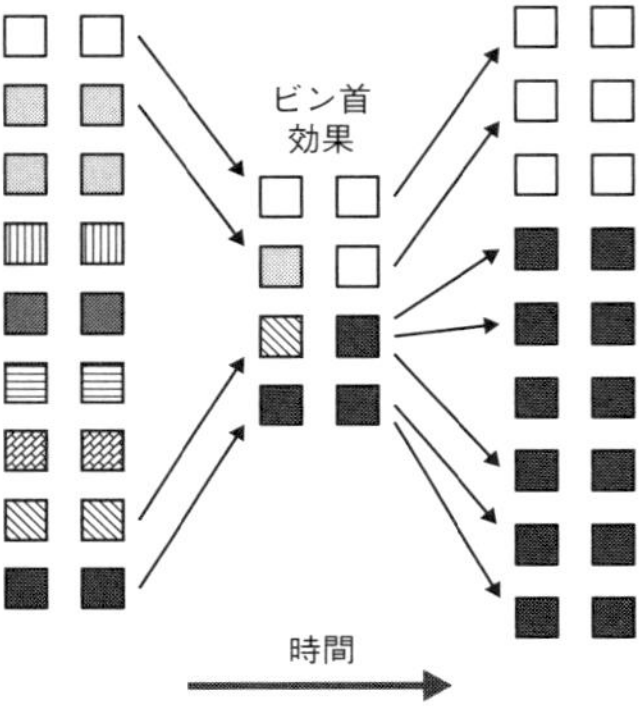

図23：ビン首効果と多様性の減少

図23はビン首効果を模式的に表現したものです。もともと高い多様性を示す集団であったとしても、移住などによるビン首効果で多様性を減少させる様子が表されています。図の左側が大陸などに住んでいた頃、右側が大陸から離れた島などと思って下さい。大陸から島へ渡る場合、全員で渡るわけではないですから、大陸に住んでいた人々の一部が島へ移住します。大陸にいた頃には、多様性が高いことが示されていますが、移住に際しビン首効果を受けると、一

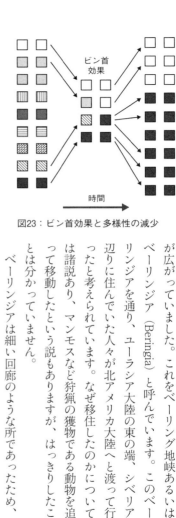

時的に人口が減少し、多様性も減少します。島への移住を完了し、人口が回復したとしても、いったん減少した多様性はすぐには元に戻らず、島での多様性は、大陸での多様性よりも低いことをこの図は表しています。

ベーリンジアを渡って北アメリカ大陸へ渡った人々も、ベーリンジアを経た際、一時的に人口が減ったと想像できます。つまりビン首効果を受けたのでしょう。ビン首効果により遺伝的多様性が減少し、ABO血液型のうち偶然O型の人の割合が多くなったと考えられます。アメリカ大陸へ渡りきった後、人口増加を経験するわけですが、その時A型やB型の人の数が極端に少なかったため、遺伝的浮動により消滅してしまい、結果的にO型の人だけがアメリカ大陸に拡散したと考えられます。

かくしてアメリカ大陸では、北アメリカでも南アメリカでも、O型の人の頻度がほかの血液型の人を圧倒することになりました。ここで強調したいのは、O型がアメリカ大陸の環境において生存に特に有利だったわけではないということです。あくまで偶然の効果で頻度の固定に向かったという解釈です。中立な変異なのに、ビン首効果のため、たまたまO型が固定したのだと考えます。これが中立変異が固定した好例です。

†ABO血液型は中立進化で説明できるか？

でも実は、先ほどもお話ししたように、ある時点の集団の遺伝子頻度のみから有利な変異と中立な変異の区別をつけるのは非常に難しいことです。この場合、アメリカ大陸においてO型が有利な変異だったから頻度を増したのか、それともベーリンジア通過におけるビン首効果のためO型が頻度を増したのか、そう簡単に判断できません。

ABO血液型は、第1章で説明したように、赤血球表面にある糖鎖《とうさ》の違いによって決定されます。病原体（バクテリアやウイルス）の感染に、この糖鎖の違いが関係している可能性がないわけではない、と前出の斎藤成也は考えているようです。斎藤は木村資生以上に強力な中立論者ですが、ABO血液型に関しては中立で説明できるとは限らないとしています。

霊長類の進化のかなり古い時代からAアレル、Bアレルは共存しており、Oアレルは、糖転移酵素の働きがなくなっているのにもかかわらず、かなりの頻度で霊長類に存在しています。これは通常の遺伝子の進化のパターン、つまり中立進化のパターンと異なるからです。

このように古くから多型が維持される場合、「平衡選択」（Balancing Selection）と言い、多型のうちのどれか1つが有利なのではなく、多型が存在していること自体が有利に働いた進化メカニズムです。霊長類におけるABO血液型は、この平衡選択のパターンに当てはまると考えることには、それほど反対の意見は考えられませんので、ヒトの集団でもABO血液型の頻度は平衡選択で説明できるかもしれません。

しかし、ヒトにおいて、病原体の感染などに対してO型の糖鎖が有利だとする強い実験的証拠があるわけではありません。一般的には「アメリカ先住民はみんなO型」という観察事実に対し、あくまで中立を仮定し、ビン首効果によってアメリカ大陸で偶然増えたと説明することが多いのです。

†遺伝距離と地理的距離、再び

ずいぶん長い寄り道をしましたが、この章の最初に触れたヨーロッパで観察された遺伝距離と地理的距離の関係を示す図20のグラフに戻りたいと思います。

さて、もう一度問います。このグラフ、どう解釈すればよいのでしょうか？

もしY染色体が自然選択と関係していると仮定すれば、特定のY染色体のタイプが特定の地理的環境で生存するのに有利だったということになります。ヨーロッパにおいて、ほぼ全てのY染色体のタイプについて地理的環境との関係が存在することを意味しますから、これは適応進化と言えます。

一方、女性に比べて男性の死亡率が圧倒的に高いという仮定に関しては、それが遺伝的にプログラムされていた現象だったとしたら適応進化です。でも、そんな遺伝的プログラムがあるでしょうか？

そして婚姻システムの影響という仮定については、ヒトにとって婚姻など文化的な要因は偶然の範疇と言えるか、という問題があります。「婚姻は偶然だ」と言われると、違和感を持つ人もいるでしょう。「社会選択」(social selection) という単なる偶然と区別する考え方も登場してきます。これは、第6章で解説します。

†Y染色体に環境適応の手がかりはあるか？

まずY染色体の環境適応について、どのような可能性が考えられるでしょうか。たとえば、イギリスではY^1というタイプが多く、イタリアではY^2というタイプが多い。Y^1というタイプの染色体はイギリスの環境に、Y^2というタイプの染色体はイタリアの環境にそれぞれ適応している。そう結論付けるためには、それぞれの環境で有利に働く遺伝子を想定しなければなりません。

Y染色体の数少ない遺伝子の中には身長の高低に関連すると報告のある遺伝子があります。背が高い方が女性にもてる、子孫をたくさん残す、といったことはあり得るかもしれません。イギリスでは背が高い方がもてるけれども、イタリアではむしろ背が低い方がもてる。それならば両者の染色体のタイプの頻度の違いに、身長を決定する遺伝子が関係しているかもしれませんが、今のところそういった証拠を示す研究は出てきていません。少なくとも生存にとって身長が高い方が有利という生物学的な根拠はあまりなさそうです。

「イギリスではY^{1}というタイプ、イタリアではY^{2}というタイプの染色体が有利に働いた」ということが仮に起こったとしたら、ヨーロッパのその他の地域でもこれと同様の現象が起きていなければ、先ほどのグラフのようなパターンにはなりません。そういうことが起こったとは考えにくいというのが実情です。科学の場合、100パーセントあり得ないということはないですが、これらの理由からY染色体に正の自然選択がかかり、環境適応と関係していた可能性は低いと考えられます。

女性より男性が早死にした?

では、女性に比べて男性の死亡率が圧倒的に高いという要因は考えられるでしょうか。いまお話ししたように、遺伝的プログラムでそうなった可能性は低いでしょう。

男性の方が、生殖年齢に達する前に死ぬ確率が高いということであれば、各地域の男性は特定の系統だけに限られてくるため、このようなパターンになり得ます。しかし人類史、あるいは生物学において、そのようなことが起こった形跡はありません。あれば、考古遺跡などにそういう証拠が残るはずですが、聞いたことがありません。また、そのようなアイディアは考えられたことすらありません。

この章のはじめにお話ししたように、もしヨーロッパに若い男性を間引きする文化、たとえば「長男は生かし、次男や三男など長男以外の男の子は生まれたら殺してしまう」という恐ろしい風習がかつてあったとすれば、結果的に「男性の方が、生殖年齢に達する前に死ぬ確率が高い」ということになったかもしれませんが、実際にはそのような風習の記録は残っていません。もちろん文字が誕生する以前に起こったことならば記録は残っていないわけですが、考えにくい話です。

この可能性も、ほぼゼロに近いでしょう。

†婚姻システムが関係する可能性

というわけで、婚姻に関する文化的な要因が消去法的に残ってきます。つまりヨーロッパ各地域の婚姻システムが、このようなパターンを生み出しているのではないかというアイディアです。

本書ではヒトを中心に話をしているので忘れがちですが、集団遺伝学は地球上のさまざまな生物の個体群を遺伝子プールとして捉え、その生物の進化プロセスを説明します。研究の対象が大腸菌のような微生物の場合もあるし、ショウジョウバエ（いわゆる小バエ）のような昆虫である場合もあるし、メダカ（小型の魚類）である場合もあります。植物も集団遺伝学では、非常に良い研究対象となります。シロイヌナズナは集団遺伝学では代表的なモデル生物です。

集団遺伝学で扱う生物の中で、ヒトが他の生物と異なることの一つとして、言語や文化を持っているということが挙げられます。ヒトの場合、言語や文化、あるいは宗教によって規定される婚姻システムがあります。遺伝という現象は、親の形質が生殖を通じて子孫に伝わることですから、生殖システムは遺伝現象を決める基礎になります。したがって、ヒトの集団遺伝学にとって、婚姻システムは無視できない要素の一つです。

世界各地にはさまざまな婚姻システムが存在します。婚姻システムは、それぞれの社会の根本をなすもので、民族学、民俗学、文化人類学、社会人類学など多くの分野で研究がなされてきました。私はそうした分野の専門家ではないので、多様な婚姻システムを詳しく紹介することはできませんが、ここではごく単純に「婿入《むこい》りか嫁入《よめい》りか」ということだけを問題にして述べていこうと思います。

†ヨーロッパ社会における「嫁入り」と遺伝距離との関係

世界中のさまざまな民族集団の婚姻システムに着目し、たとえば『文化人類学事典』（参考文献2）を見てみると、現在の地球上に住んでいる民族（あるいは社会）では圧倒的に「嫁入り」のシステムを採用している民族（社会）が多いことが分かります。ご承知の通り「嫁入り」とは男性の家に女性が嫁いでいくシステムで、反対に女性の家に男性が「婿入り」するのが一般的だという民族（社会）は非常に少ないのです。過去においては「嫁入り」よりも「婿入り」の方が一般的だった可能性はありますが、現在ではごく限られた民族においてしか「婿入り」を認めることはできないようです。

ヨーロッパにおける遺伝距離と地理的距離の関係には、婚姻システムが影響しているのではないか？　マーク・セイエルスタッドの論文は、新鮮な視点を与えました。私たちは、遺伝子によって健康や病気など生物学的な状態が決められていると思いがちですが、この論文は婚姻システムという文化的な要因が遺伝子の頻度を規定していると主張したのです。その結果、集団間の遺伝距離に男女の系統で差が出た、と。

図20のグラフをもう一度見てみましょう。ヨーロッパの2つの集団間においては、地理的距離が大きくなればなるほど男性の系統の集団間遺伝距離は大きくなりますが、女性の系統の集団間遺伝距離はさほど変わらずほぼ横ばいの状態となっています。マーク・セイエルスタッドの論文は、このようなパターンが、婚姻システムという文化的な要因によって生み出されてきた、というのです。もしこの論文の主張が正しければ、ヨーロッパのように嫁入りが一般的な

社会、つまり父系・男系社会においては、ほかの地域でもこのようなパターンになることが予想されます。

そして、マーク・セイエルスタッドらの仮説が正しいのであれば、「婿入り」が一般的な母系・女系社会では、これとは逆のパターンになるはずです。母系社会で父系社会と逆のパターンが示されれば、この仮説を証明することになります。

先述のように「婿入り」が一般的な母系社会を形成する民族は現在の地球上で見つけることはなかなか難しいのですが、運の良いことに、私は大学院生の頃に出会うことができました。その様子は、次章で詳しく見ていきましょう。

第 5 章

男女で異なる移動パターン
——sex-biased migration

野外調査で訪れたタイ北部・白カレン族の村（著者撮影）

1　父系社会か母系社会か

婚姻システムという文化的な要因が遺伝子の頻度を規定しているとするマーク・セイエルスタッドらの主張はこの分野の研究に新鮮な視点を与えました。この章では、男女で異なる移動パターンについてもう少し詳しく見ていきたいと思います。

†実験室を飛び出して……

この「男女で異なる移動」(sex-biased migration)をテーマにした研究は、私がマックス・プランク進化人類学研究所で行った研究です。2001年4月から2年間、私はこの研究所で研究をしました。第3章で登場したスバンテ・ペーボが実質的なリーダーシップを握っていた研究施設です。

それを遡ること数年前、大学院生だった私は実験室にこもって実験ばかりしていました。ところがある日、当時は助手だった石田貴文(現・東京大学大学院理学系研究科・生物科学専攻教授)に「太田くん、辛い食べ物へいき?」と声をかけられ、タイのジャングルでの野外調査《フィールドワーク》に同行させてもらうことになりました。

石田はタイをはじめ東南アジア全般をフィールドとし、ヒトとサルを中心とした細胞株コレクションを構築してきた人類学者です。血液中のリンパ球の細胞にEBウイルス（ヘルペスウイルスの1つ）を感染させることで、細胞を不死化（増殖し続けるように）することができます。いわゆる細胞バンクはこうして作られるのですが、石田は少数民族など希少な人類集団あるいは霊長類の細胞バンクを構築する目的で膨大な回数のフィールド調査を展開していました。

私はその中のほんの数回、同行させてもらっただけですが、その1つがタイ北部山岳民族たちへの調査でした。結果的にその調査が、マーク・セイエルスタッドらの仮説を検証するための重要なアイディアと材料を与えてくれました。このアイディアと材料を持って、ライプチヒにできたばかりのマックス・プランク進化人類学研究所のマーク・ストーンキングのグループに参加したのです。マーク・ストーンキングは第2章でお話ししたミトコンドリア・イヴの論文の著者の1人です。

†地理的距離と遺伝距離との関係、再び

前章でも述べたヨーロッパの人類集団間における遺伝距離と地理的距離の関係についておさらいしておきましょう。

Y染色体の場合、地理的距離が離れていけばいくほど遺伝距離も離れていくけれど、ミトコ

ンドリアDNAの場合は地理的距離が離れていっても遺伝距離はあまり変わらずほぼ横ばいでした。つまり、男性の系統の場合、地理的に離れると遺伝的にも違ってきますが、女性の系統の場合、地理的に離れていても遺伝的な違いはあまりない、という発見でした。

この発見を、どのように解釈するか？　婚姻システムに関する文化的要因があるのではないか。セイエルスタッドらはそう解釈しました。

つまりこうです。父系社会では男性の系統がある土地に住みつき、財産と社会的地位を守り継承していく。家長である男性は一所《ひとところ》に留まるため、Y染色体の集団内の遺伝的な多様性はあまり増えない。Y染色体の多様性は遺伝的浮動で変動するけれど、新しいタイプが外から入ってくる機会が少ないのでむしろ減っていく。けれども、女性は「嫁入り」という婚姻システムを通じて集団の間を行ったり来たりするため、時間を経てもミトコンドリアDNAの集団内の多様性は維持されていくし、集団間ではつねにシャッフリングされている状態になり均質化する。ヨーロッパは父系社会であるため、そのような現象が起こったのではないか。

父系社会のもたらすこうした女性に偏った移動によって、Y染色体では長い時間をかけて2つの集団間の地理的距離が離れていくにつれて、遺伝距離もまた大きくなっていったけれども、ミトコンドリアDNAではその程度がずっと低かった。セイエルスタッドらはこのグラフのデータをそう解釈しました。そして「婚姻システムに関する文化的要因が、Y染色体とミトコンドリアDNAのグラフで示すパターンの違いを生んだ」という仮説を示しました。

†「妻方居住」の人類学的意義

マーク・セイエルスタッドらの仮説を証明するには、父系社会とは逆の母系社会においてミトコンドリアDNAとY染色体のパターンが逆になることを示せばいいでしょう。

ところで、ここまで父系社会(paternal line society)、母系社会(maternal line society)という言葉を使ってきましたが、じつはこの文脈ではあまり正確ではないのかもしれません。文化人類学では、住居が妻の方に置かれて男性が「婿入《むこい》り」するシステムを妻方居住(matrilocal)と呼び、社会的な地位や財産が女性の系統で継承されていく現象(母系社会)と区別しているようです。前述の母系社会と呼んでいる現象はより限定的に妻方居住と呼び、同様に父系社会と呼んでいる現象は夫方居住(patrilocal)と呼ぶ方がより正確でしょう。

妻方居住の場合、男性が婚姻後に集団間を移動しているため1つの集団内でのY染色体の遺伝的多様性が増す一方、女性は移動しないのでミトコンドリアDNAの集団内の遺伝的多様性は増えず、むしろ遺伝的浮動の効果により時間とともに遺伝的多様性は減っていくはずです。このため集団間の多様性(遺伝距離)は、ミトコンドリアDNAで計算する方がY染色体で計算するより大きくなります。

妻方居住の集団を調べて、夫方居住の集団と逆のパターンが示されたら、ヨーロッパで見られたY染色体とミトコンドリアDNAがグラフで示す遺伝距離と地理的距離との関係は、婚姻システムを中心とする社会形態によって形成されたセイエルスタッドらの仮説を強く支持することになります。

しかし前述のとおり、現代では妻方居住の集団にアクセスすること自体が、そもそも困難を伴います。幸い私は、石田貴文に連れて行ってもらったフィールド調査を通じて、タイ北部には妻方居住および夫方居住の両方の少数民族が比較的狭い地域にモザイク状に住んでいることを知っていました。

†ゴールデン・トライアングル

ミャンマー、タイ、ラオスの国境にまたがる地域はかつて黄金の三角地帯（ゴールデン・トライアングル）と呼ばれ、アヘンの原料であるケシの産地として知られていました。住民は焼畑農耕でケシを栽培し換金作物としていました。近年では、各国政府によってほかの換金作物への転作が奨励されるようになったため、主にコーヒーなどのプランテーションに変わっています。

この地域には、さまざまな少数民族が住んでいます（図24）。Hill tribes（山岳民族）と呼ば

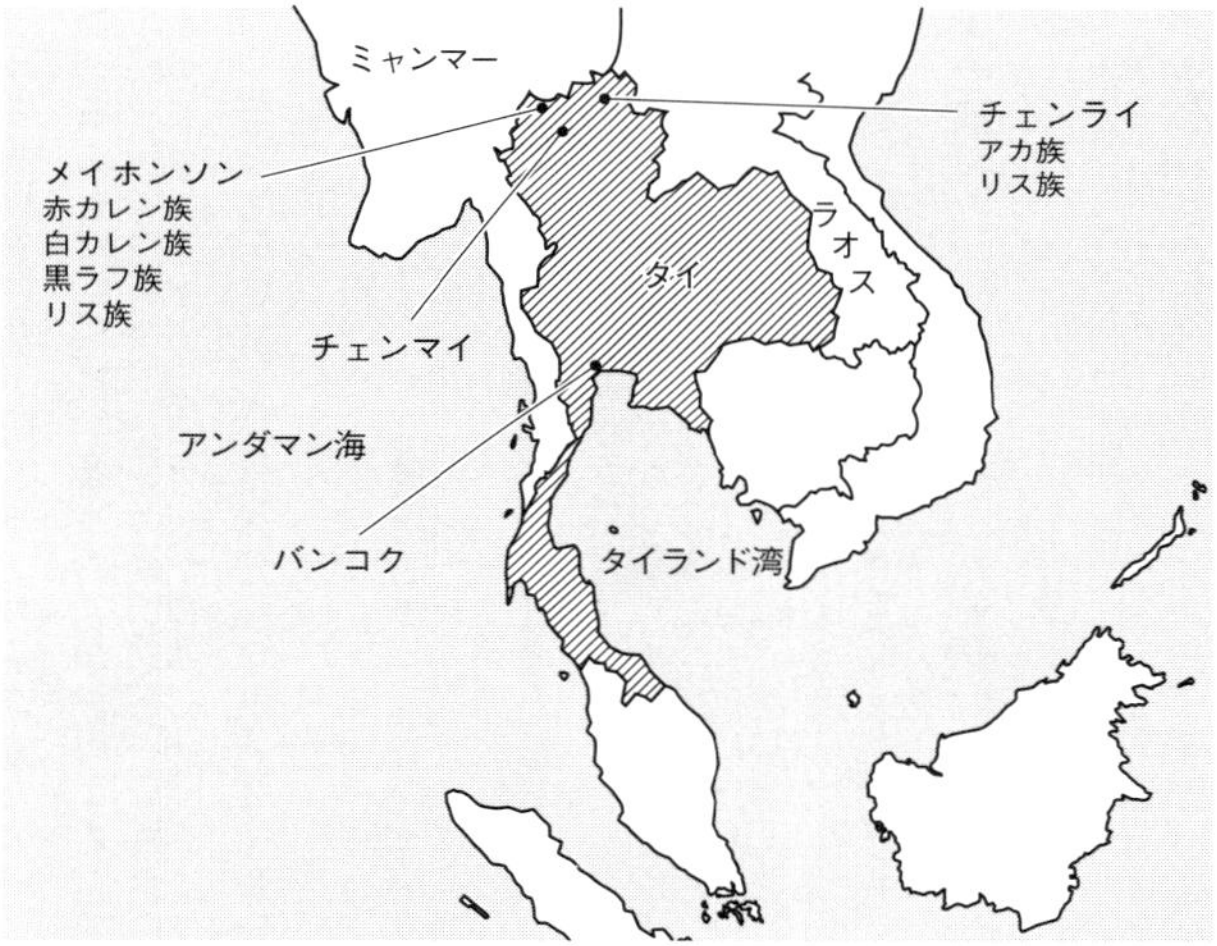

図24：タイ北部山岳民族の主な分布地域

れ、彼らはそれぞれ華やかな民族衣装を纏《まと》うことで特徴づけられています。たとえばカレン族の場合、白を基調とした民族衣装を着ている白カレン族、赤を基調とした民族衣装を着ている赤カレン族がいます。リス族、アカ族、黒ラフ族などといった少数民族もそれぞれ、刺繍《ししゅう》に特徴のある美しい衣装を纏っています。

ところで、ここまで「民族」という言葉を何気なく使ってきましたが、少し定義を確認したいと思います。「民族」は英語のethnic groupやnationなどに当たりますが、誰もが納得する定義を持たない言葉です。多くの場合、固有の言語を共有している集団を民族と呼びますが、言語に限らず固有の宗教、習俗などを共有する集団を民族と呼ぶケースもあります。これらを包括的に「帰属意識を共有する集団」と捉えることが、比較的多くの人が納得する定義になるかもしれません。

かつてゴールデン・トライアングルと呼ばれた地域に住んでいるカレン族、リス族、アカ族、ラフ族などの定義も「帰属意識を共有する集団」として差し支えないと思いますが、彼らの場合、集団ごとに言語が異なります。たとえばカレン族はカレン語を話し、リス族はリス語を話しますので、ここでは暫定的に「固有の言語を共有する集団」としてもよいかもしれません。

†タイ北部での山岳民族フィールドワーク

1990年代の前半から東京大学の石田貴文を中心とする調査チームは、タイ北部のこの地域に入って行きました。1996年には私も調査に参加させてもらいました。

白カレン族の村には日本の田舎で見かけるような茅葺《かやぶき》屋根のような家があり、日本の古い風景にどことなく似ています。彼らは焼畑農耕民であるため、伝統的には一所に定住することはありません。一定期間一つの地域に住んで焼畑農耕を行い、土地がやせたらまた別の土地へ移動します。タイの文化人類学者の書いた文献によると白カレン族は妻方居住の集団です。

一方、リス族は夫方居住です。観光客向けのカヌーで川を渡るツアーに参加すると、鮮やかな衣装を身に纏った若い女性が、川の中を歩いてカヌーへ近づいて来ます。観光客に刺繍の工芸品を売って現金収入を得ているのです。リス族は象を巧みに操ることでも知られています。彼らは象のショーを開催するほか、観光客を象に乗せるサービスもしています。

私たちは白カレン族やリス族、赤カレン族などの村から村へとトラックでまわり、地元のケースワーカーなどと共に調査を行いました。彼らは、山の斜面などに村を形成し住んでいます。私たちが調査をしていると、平日であるにもかかわらず多くの子供たちが見物に来ました。彼らは、生まれて初めて目にする私たち外国人に強い興味を示していました。

ピックアップトラックのドライバーは移動中、ジャングルの中でカエルを捕まえては、荷台に置いてあるバケツに入れていきます。行く先々でカエルがどんどん増えていきました。なんだろう？　と不思議に思って見ていましたが、その日の夜に宿泊させてもらう村の家に着いたとき、それらのカエルは料理され、夕食のおかずとして出てきました。

赤カレン族もまた妻方居住の人々です。赤を基調とした刺繍をほどこした衣装を身に着けているため、白カレン族に対して赤カレン族と呼ばれます。どちらもカレン語を話す人々です。

タイ北部の2つの街、メイホンソンとチェンライは、200キロほど離れていて、メイホンソンには赤カレン族、白カレン族、黒ラフ族、リス族（メイホンソン・リス）が住み、チェンライにはアカ族、リス族（チェンライ・リス）が住んでいます（図24）。先ほども述べたように赤カレン族、白カレン族、黒ラフ族は妻方居住の集団で、婿入りが一般的だと言われています。

一方でアカ族、リス族（メイホンソン・リス、チェンライ・リス）は夫方居住の集団で、嫁入りが一般的だと言われています。このように、東京と名古屋ほども離れていない区間に、異なる婚姻システムを持つ集団が混在しモザイク状に住んでいます。私たちはこれらの人々のミトコンドリアDNAとY染色体を調べました。

†ユダヤ人に見られる分集団構造

もちろん良いか悪いかは別として、現在の地球上に存在する人類集団では、世界的に見ても、父系社会の方が多く観察されるのは事実です。

たとえばイスラエルの帰還法（ユダヤ人と認め、国籍を与える法律）において、ユダヤ人は「ユダヤ人の母親から生まれた人、またはユダヤ教に改宗を認められた人」と規定されています。ユダヤ教に改宗するというのは別として、原則的にはユダヤ人の母親から生まれた人がユダヤ人と見なされます。つまり、遺伝学的にはユダヤ人のミトコンドリアDNAを継承している人がユダヤ人と見なされるシステムになっています。

しかしユダヤ教の聖職者（ラビ）になれるのは、かつては聖職者の系統を持つ男性のみでした。遺伝学的にはラビのY染色体の系統を持つ人のみが、宗教に携わることができたことになります。これを実際に調べた遺伝学研究があり、ラビの系統にはY染色体のタイプがいくつかあったことを報告しています。つまり、複数の聖職者の家系が存在したことを物語っています。

ヒトには社会的な階級が存在します。現代日本社会では、そうした階級意識が薄まってはいますが、歴史を振り返ると、階級の違いが恋愛や婚姻、生物学的な言い方をすれば生殖活動に関して、制約となっている時代も存在しました。というか、そういう時代の方が長く続いていました。そして社会的階級のみならず、宗教や文化的違いが婚姻システムに影響を与えるケースが多々あります。これは現代社会でも存在します。こうした社会的・文化的な要因に基づく生殖隔離により、集団内に集団が形成されます。そのように形成された集団を集団遺伝学の用語で「分集団」(subpopulation) といいます。

ユダヤ教徒は血族的な要因で集団・コミュニティーを規定したため、ヨーロッパの人類集団全体の中で分集団化した可能性があります。

†集団分化とは

分集団構造についてもう少し詳しく考えたいと思います。図25aを見ていただくと、1つの楕円の枠の中に、いろいろな模様の円が入っています。この楕円が集団全体を模しており、模様の違いは遺伝的な多様性を表現しています。最初の全体を表す楕円(集団)から、その一部が隣の島に移住するなどして、集団が2つに分かれたとします。その場合、分かれた直後の2

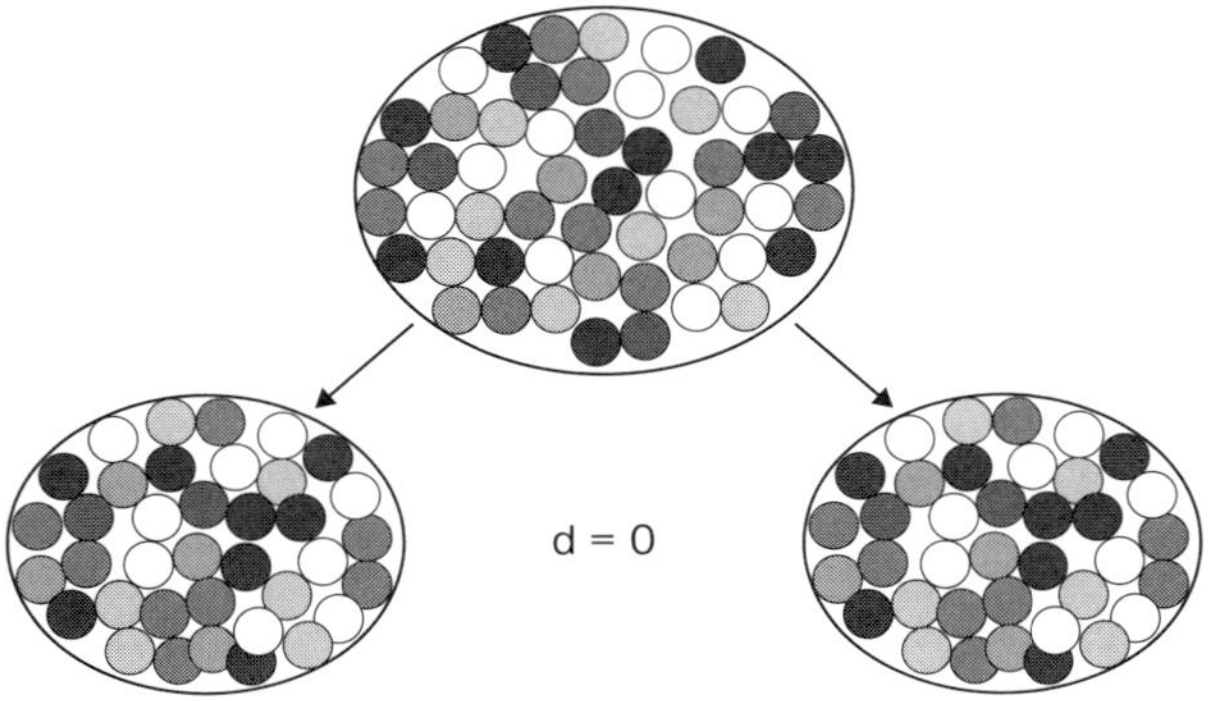

図25ａ：集団が分かれた直後の状態

つの集団間の遺伝距離（d）はゼロです。遺伝距離は遺伝子頻度から計算します。ここではほぼ均等に分かれたと考えるため、遺伝距離はゼロとなります（図25a）。

前章で、遺伝子頻度は遺伝的浮動により変動すると述べました。たとえば2つの集団の間に山脈とか海がある場合を考えると、男女が行き来することが容易ではないため婚姻関係を結ぶことが困難となります。仮に2つの集団の間で男女の行き来がなくなったとします。すると時間を経るにつれて、遺伝的浮動つまり偶然の効果により2つの集団の遺伝子頻度がそれぞれ変動していきます。

何か特殊な要因があるわけではありませんが、左の集団では黒っぽい丸が増え、右の集団では白っぽい丸が増えました（図25b）。これが、遺伝的浮動の効果です。このように、集団が2つに分かれた後、しばら

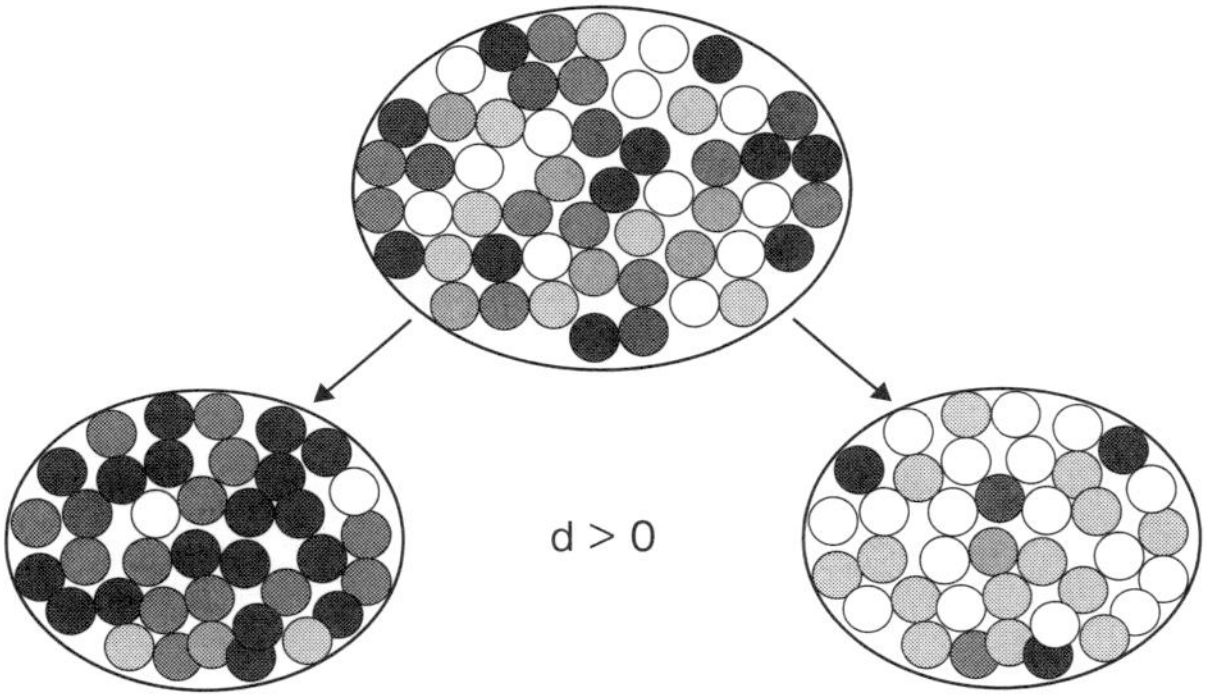

図25ｂ：集団分化して時間の経過とともに遺伝距離がゼロでなくなる

く相互で遺伝子流入がない場合、遺伝距離はゼロよりも大きくなります。遺伝距離がゼロでなくなったような状態を集団分化と呼びます。つまり集団と集団の間で遺伝的な違いが生じた状態と見なされます。

もとは1つで同じであった集団が2つに分かれて、その後、相互の行き来がない場合、遺伝距離がゼロでなくなる。これはヒトに限らず、あらゆる生物において普通に見られる現象です。

†ヒト特有の「集団内の分集団」

いま山脈や海による隔離を想定しましたが、そのような地理的隔離が存在しなくても、ヒトの場合、言語・文化・習俗・宗教・階級が違えば、婚姻が認められないケースが生じます。つまり、地理的隔離ではなく文化的・社会的隔離が相互の遺伝子流入の障壁になり、文化的要素が「集団内の分集団」を作る要因とな

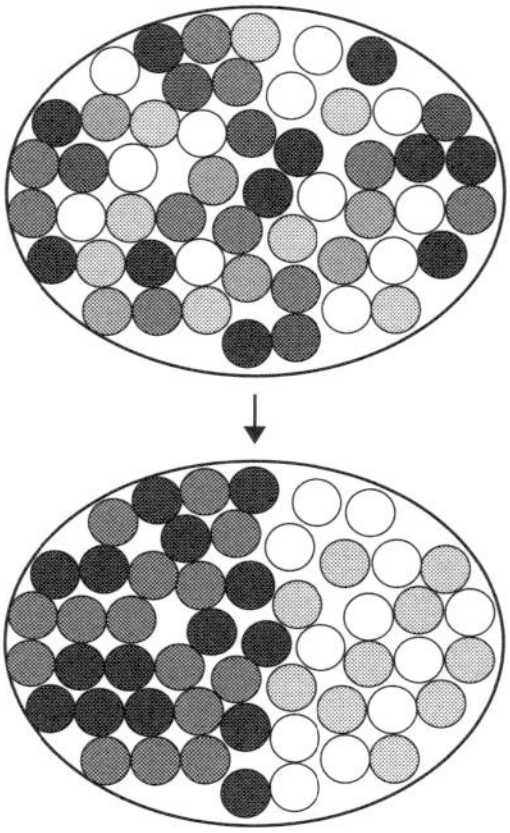

図25ｃ：集団内の「分集団」形成

り得ます。ほかの生物では類似の報告をあまり聞いたことがありませんが、ヒト集団にはしばしば見られる現象です。１つの集団において何らかの理由により長い間相互の遺伝子流入がなく、集団分化が起きている場合、集団内に分集団が形成されます（図25ｃ）。

たとえば階級によるさまざまな制約がある社会では、同じ集団内でも社会的階級により集団分化が起こります。２００９年にハーバード大学の研究チームが、その顕著な例としてインドのカースト制度を取り上げました。

この研究ではミトコンドリアＤＮＡとＹ染色体を調べ、次のようなことが分かりました。まず女性の系統を辿っていくと、平民・農民（Baisha）よりも下のカーストには東アジアに多く見つかるミトコンドリア・ハプログループを持つ人が多いことが分かりました。そして男性の系統（Ｙ染色体）を辿っていくと、上の方のカーストにはヨーロッパで多く見つかるＹ染色体ハプログループを持つ人が多いことが分かりました。つまり階層や男女の違いにより、遺伝子の流入の仕方が違っていたことが示されたわけです。

江戸時代の日本にも、ご承知のとおり士農工商という身分制度が存在しました。階級ごとに遺伝的な分化が起こっていた可能性がありますが、それは比較的緩やかなものだったのではないかと私は想像しています。

落語の「八五郎出世」という演目にはその手がかりが残されています。この演目は「妾馬《めかうま》」と言う方が正式なのかもしれません。大工の八五郎の妹お鶴は大名に見染められ、御殿に上がり世継ぎを産み、側室になります。八五郎は奥方の兄として御殿に呼ばれるのですが、武家のしきたりを知らないために殿様の前で珍妙な受け答えをして笑いを取ります。さらには立派になったお鶴を見て感極まり、形式やしきたりを無視して素の自分を見せます。そんな八五郎を気に入った殿様は、八五郎を侍として取り立てる――そういう噺《はなし》です。

落語は江戸期の生活をそのまま伝えているわけではなく、当然「噺」としての演出が加わっていると思いますが、このように庶民の娘が世継ぎを授かって支配階級の仲間入りをしたというようなことは十分にあり得た話ではないかと思います。

もし調べることができたら、士族・農民・職人・商人という身分の違いによってY染色体はそれぞれ違う頻度パターンを持っていた一方、ミトコンドリアDNAは階級による偏りは比較的小さかったのではないかと思われます。中世の社会においても、女性は既存の階級間を行き来していたのではないか。女性は男性に比べ、時と場合に応じて身分（ヒエラルキー）を飛び越えるしなやかさを持っていたのではないかと私は考えています。

2　集団間の多様性と集団内の多様性を調べる

†DNAをどう調べるか

さて、タイ北部山岳民族の話に戻りましょう。私たちは、彼らのミトコンドリアDNAとY染色体の分析を開始しました。

ミトコンドリアDNAは環状の小型ゲノムDNAです。この環状DNAの複製起点の周辺はDループ（D-Loop）領域と呼ばれ、変異率が高い領域であり、その名のとおりHypervariable Region（HV領域）とも呼ばれています。ここをPCR法で増幅し、DNAの塩基配列を決定しました。PCR法は、最近は一般にも広く知られるところとなりましたが、その原理については念のため次章で簡単に解説します。ミトコンドリアDNAのこの領域をこのように分析するやり方は、1990年代にPCR法が世界的に普及して以来、分子生物学に関連するあらゆる分野で定石となっています。

またY染色体に関しては、STR（short tandem repeat　短い直鎖状の繰り返し配列）を調べました。第1章の復習になりますが、STRはY染色体に限らずゲノム全体に点在する多型です。個人個人の違いが比較的大きい多型なので、法医学で犯人の同定などに使われます。Y染色体に特有のSTRも存在します。たとえばDYS391という名前のついたSTRはY染色体のみに存在し、TCTAという4文字の文字列が何回か繰り返されます。もちろんその繰り返し回数には個人差があります。

私たちの研究ではY染色体上で知られているSTRを8つ調べました。各個人において、8つの異なる文字列について、それぞれ異なる繰り返し回数で存在します。つまりTCTAという文字列を10回繰り返す人と11回繰り返す人、次の別の文字列AGCTという文字列を7回繰り返す人と9回繰り返す人みたいな感じです。その8つの文字列における繰り返し回数の組み合わせでY染色体のタイプを決め、分析しました。ここで用いるSTRはX染色体との組換えが起こらない領域にあるものを選んでいるため、男性の系統のみを対象として議論できます。

†集団間、集団内の遺伝的なバラエティーを測る尺度

ミトコンドリアDNAとY染色体のデータが実験室から得られたら、次にパソコンに向かってデータの解析をします。まず、集団間と集団内の遺伝的多様性を計算しましょう。遺伝的多様性を計算する統計量は複数ありますが、ここではヘテロ接合度とF_{st}値という2つを説明し

ましょう。

$$F_{st} = \frac{H_T - \bar{H}_S}{H_T}$$

H_T： 全集団（total population）のヘテロ接合度
H_S： 分集団（subpopulation）のヘテロ接合度の平均

図26：集団間の遺伝的多様性（集団遺伝距離）の計算式

F_{st}は集団間の遺伝的多様性を示す尺度として用いられている統計量です。集団間の遺伝的多様性とは、前に出てきた言い方だと集団間遺伝距離のことです。つまり集団同士どれくらい遺伝的に違っているかをこのF_{st}の値を用いて表します。

一方、ヘテロ接合度とは集団内の遺伝的多様性を示す尺度で、集団内がどれくらい遺伝的にバラエティーに富んでいるか、富んでいないかを示します。

F_{st}は、ヘテロ接合度をもとに計算します。式で表すと図26のようになります。H_Tは集団全体（total population）のヘテロ接合度、H_Sは集団全体の中に形成された分集団のヘテロ接合度です。図26ではH_Sの上に横線が引いてありますが、これは平均値を意味します。つまり、集団全体のヘテロ接合度から分集団のヘテロ接合度の平均を引き算し、それを集団全体のヘテロ接合度で割ったものがF_{st}です。

分集団のヘテロ接合度の〝平均〟というからには、複数の分集団が全集団の中に存在するのが前提です。こういう簡単な計算で集団間の遺伝距離を表現します。

では、ヘテロ接合度（heterozygosity）とは何なのでしょうか。概念的には、集団から無作為に選んだ2つの遺伝子が、異なる種類のアレルである確率です（図27）。アレルとは、以前にも話した「多型のあるサイトのバリエーション」のことです。たとえばCとTの2つのバリエーションがある多型サイトにおいて、それぞれをCアレル、Tアレルと呼びます。ヘテロ接合度をどのように計算するかというと、アレル頻度の2乗を1から引いたもので、式で表すと図28のようになります。pは今言ったとおり、ある遺伝子のなかで、あるアレルが集団内に現れる頻度です。50人いたら、常染色体の場合その多型サイトを載せた染色体は100本ありますが、Cアレルをもつ染色体が30本あるとしたらp＝30/100＝0.3です。0・3の2乗は0・09なのでH＝1−0.09＝0.91です。

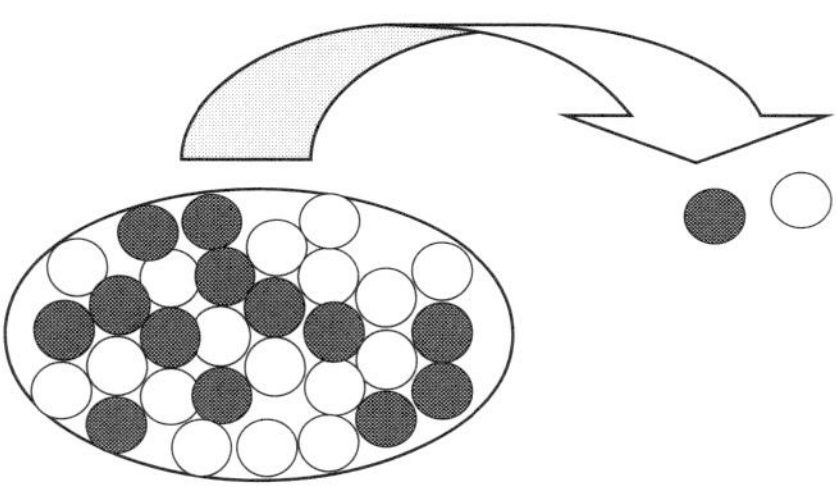

図27：ヘテロ接合度とは、集団から無作為に選んだ2つの遺伝子が異なる種類のアレルである確率

$$H = 1 - p^2$$

p: ある遺伝子のあるアレルの集団内の頻度

図28：ヘテロ接合度の計算式

†「遺伝的違い」のイメージと数値にはギャップがある

「集団から無作為に選んだ2つの遺伝子が異な

る種類のアレルである確率」（図27）という定義について、もう少し具体的に説明しましょう。まず集団から無作為に2つのアレルを選ぶことを考えてみます。たとえばCアレルとTアレルを選びます。無作為に2つアレルを取り出した時、2つが異なるアレル（CとT）である確率が91パーセント、同じアレル（CとC、あるいはTとT）である確率が9パーセントである場合、ヘテロ接合度は0・91となります。これは、集団内の多様性を示す尺度となります。ヘテロ接合度が低ければ低いほど、つまり無作為に選んだ2つのアレルが同じである確率が高ければ高いほど均質であるということは、簡単に納得がいくでしょう。また、ヘテロ接合度が高くなればなるほど、つまり無作為に選んだ2つのアレルが異なっている確率が高ければ高いほど遺伝的な多様性が増すこともイメージしやすいと思います。

今度はF_{st}に関してたとえばの話をします。たとえばある集団の中に、2つの分集団があったとします（図29）。F_{st}値を計算したら0・2だったという場合、分集団間の多様性（つまり違い）の20パーセントは全集団の多様性から、残りの80パーセントは分集団内の多様性から来ていることを示しています。つまり分集団間の多様性が20パーセント、分集団内の多様性が80パーセントだということです。

ここでは多様性をパーセンテージで表現していますが、割合の話なので、普通F_{st}値は小数点のついた数値で表現されます。F_{st}値が0・2である場合、集団間の違いよりも集団内の違

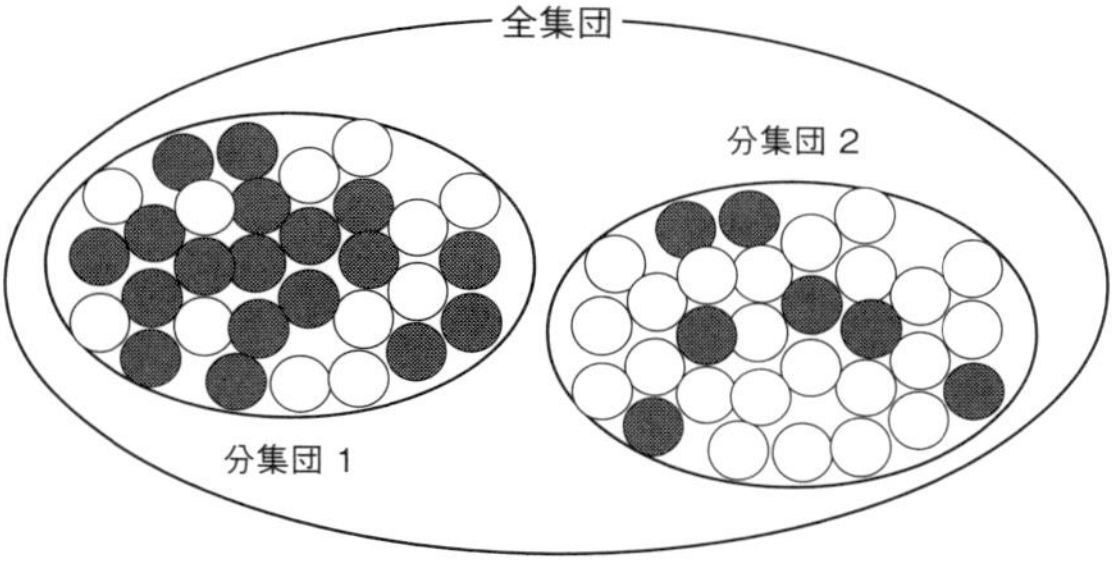

図29：２つの分集団がある集団の例

いの方が大きいのです。F_{st}値が0・5であれば集団間・集団内の違いの割合は半々で、0・8であれば集団間の違いの方が大きいということになります。

ヒトの場合、任意に選んだ集団間のF_{st}値は0・1ぐらいになります。「ヒトの場合」とは、全集団が現生人類全体ということになり、具体的に日本人とヨーロッパ人を比較するとき、集団間の違いよりも、日本人という集団内での違い（多様性）の方が圧倒的に大きくなります。つまり２つの分集団間（日本人集団とヨーロッパ人集団）の違いはせいぜい10パーセントで、残りの90パーセントは分集団内（日本人集団内およびヨーロッパ集団内）の多様性から来ていることを表すのです。

もっと具体的にこの割合を言葉にするなら、日常的感覚としてヨーロッパの人々と日本の人々の間には、大きな違いがあるように私たちは感じていますが、ヨーロッパ人集団と日本人集団の遺伝的な違いの方が、日本人集団内の遺伝的違い

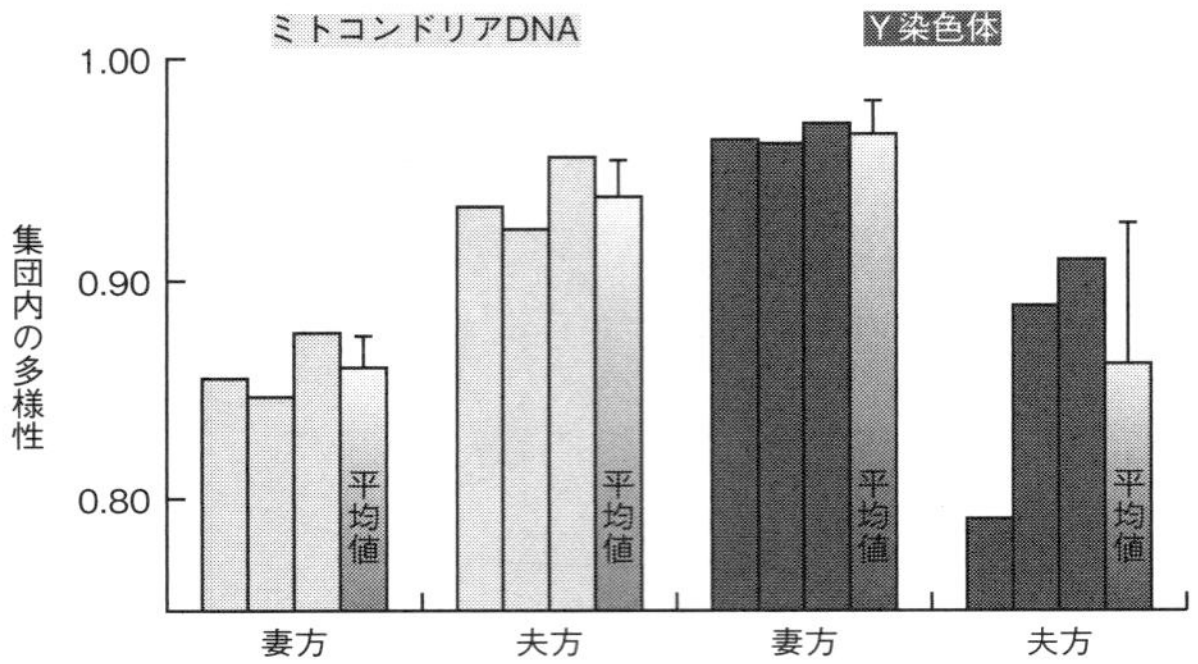

図30ａ：タイ北部山岳民族のDNA調査による集団内多様性の分析結果（妻方・夫方それぞれの右端は３集団の平均値を表す。平均値グラフのバーは標準偏差を表す）

よりずっと小さい、ということです。

†タイ北部山岳民族におけるDNA分析の結果は

またしても横道にそれてしまったので、タイの少数民族の話に戻しましょう。タイの北部山岳民族からDNAを採取し、ミトコンドリアDNAとY染色体を分析しました、という所まで話していました。

まずミトコンドリアDNAで集団内の多様性を計算すると、妻方居住の3つの集団で夫方居住の3つの集団よりも低い値を示しました。反対にY染色体で集団内多様性を計算すると、夫方居住では妻方居住よりもY染色体の遺伝的多様性が低い値を示しました（図30ａ）。

先にお話ししたように、妻方居住の集団では男性の方が集団間を行き来しているため、Y染色体の集団内多様性がより高くなります。逆に夫方居住の集団の男性は一所に留まっているため、Y染色体の集団内多様性は低くなります。「なります」というか、婚姻システムが遺伝子頻度に大きく影響しているなら「そうなるはず」です。これが実際にミトコンドリアDNAとY染色体を分析してもそうなったわけです。

続いて、集団間の遺伝的多様性についても計算してみました（図30b）。女性の系統で継承されるミトコンドリアDNAを調べると、妻方居住の集団の方が集団間の遺伝的な違いは大きくなります。女性が一所に留まって外部から新しいミトコンドリアDNAが入って来にくくなるので、各集団でミトコンドリアDNAのタイプに偏りが生じてくるのです。男性の系統で継承されるY染色体を調べると、夫方居住の集団の方が集団間の遺伝的な違いは大きくなりました。ここでも、妻方居住と夫方居住で逆のパターンが示されていました。

	ミトコンドリアDNA	Y染色体
妻方	0.290	0.131
夫方	0.118	0.451

図30b：タイ北部山岳民族のDNA調査による集団間多様性（遺伝距離）

†DNAから追跡した男女の移動の違い

父系社会では嫁入りが一般的であるため、女性が集団間を移動します。母系社会では婿入りが一般的であるため、男性が集団間を移動します。このように話すと文化的および社会的状況をやや単純化しすぎているという批判を受けることは十分承知しています。が、理解しやすくするために、この言い方のまま話を進めます。

地球上の他の地域でもそうですが、ヨーロッパでは長い間（後述しますが特に農耕が始まって以降）父系社会が一般的であったため、その間は女性が集団間を移動してきました。家長である男性は一所に留まるため、土地ごとでY染色体のタイプに偏りが生じ、その土地と別の土地との間の地理的距離が大きくなればなるほど集団間の遺伝距離は大きくなりました。一方で女性の場合、常に土地と土地とを婚姻システムを通して移動してきたので、地理的距離が大きくなっても集団間の遺伝距離は互いにさほど変わりません。セイエルスタッドたちはこうした仮説を主張し、私たちのタイ北部山岳民族の集団遺伝学研究は、これをサポートする報告として世に送り出されました。

妻方居住の集団では婚姻システムを通じて、女性よりも男性の方がより多く動いていた。私たちの論文はそう主張しました。これは特定の世代の個人的なアクティビティーに着目した現象ではなく、ある程度の時間・期間にわたっての全体的な傾向として示された現象です。

この私たちの主張に対して「カレン族やラフ族を妻方居住、アカ族やリス族を夫方居住と決めつけるのは、いかがなものか」という批判があることも知っています。たしかに、個々の民族グループについて、詳細なフィールド調査をすると、こうした妻方居住と夫方居住を単純に分けて考えるのは、現状に即していない場合があるので、そういう批判があっても当然です。

しかし、ミトコンドリアDNAとY染色体の多様性が逆転するデータを婚姻システムの違い以外で説明することは、ここまで説明してきたように難しいのです。現在のフィールド調査とのズレがあるとしたら、DNAのデータがそれぞれの民族グループの長い歴史の中で形成されてきた事象を表しているため、ここ数十年の調査結果とは合わないケースもあるのだろうと推察しています。

父系社会では一般に、男性の方が活動的で、より多く移動しているようなイメージがありますが、実は女性の方が、婚姻というシステムを通じてより活発に移動していることを、セイエルスタッドたちの仮説では予言していましたが、私たちの結果はそれを支持しました。

セイエルスタッドたちの議論も重ね合わせると、夫方居住あるいは妻方居住における婚姻システムの違いは遺伝子頻度にまで影響していることが見えてきました。しばしば自分たちのさまざまな側面、たとえば見た目だけでなく行動や性格などは遺伝的な要因によって規定されていると思いがちですが、逆に婚姻などといった文化的な要因によって遺伝子頻度が規定されることがあることに、私たちは気づくわけです。

†東アジアの男女はどうか?

タイの北部山岳民族では、ミトコンドリアDNAとY染色体の遺伝子頻度が、夫方居住あるいは妻方居住という文化要素に影響を受けて形成されてきたことが、実際のデータで示されました。それでは東アジア全体はヨーロッパと同じパターンを示すだろうか？　そういう素朴な疑問に基づき私たちはこの「男系と女系の婚姻を通じた移動パターンの違い」についての研究対象を東アジア全体にまで広げてみました。

研究者の間の約束事として、ミトコンドリアDNAの配列データやY染色体のSTR多型の頻度データを論文で発表するとき、それらのデータは、何らかの形で他の研究者でもアクセス可能にすることになっています。それぞれデータベースに収められ、インターネットで公開されている場合もあるし、論文に連絡先が記されていて、その連絡先へメールを出すとデータを送ってもらえるなどの方法があります。[*8]

東アジアの各地域からこうして公開されたデータを収集し、また新たに中国の2つの大都市、西安と長沙の漢民族、そしてベトナム人、日本の鳥取県出身の人のDNA試料をもとにデータを出して男性の系統について19集団と女性の系統について12集団のパターンを調べました。そしてセイエルスタッドらがヨーロッパの集団で行ったのと同じように、縦軸に遺伝距離、横軸に地理的距離をとって、全てのペアについてプロットしました。

その結果、ミトコンドリアDNA（女性の系統）では、地理的距離が離れるにつれて遺伝距離も離れていく、非常に綺麗な相関が見られました（図31a）。これに対してY染色体（男性の

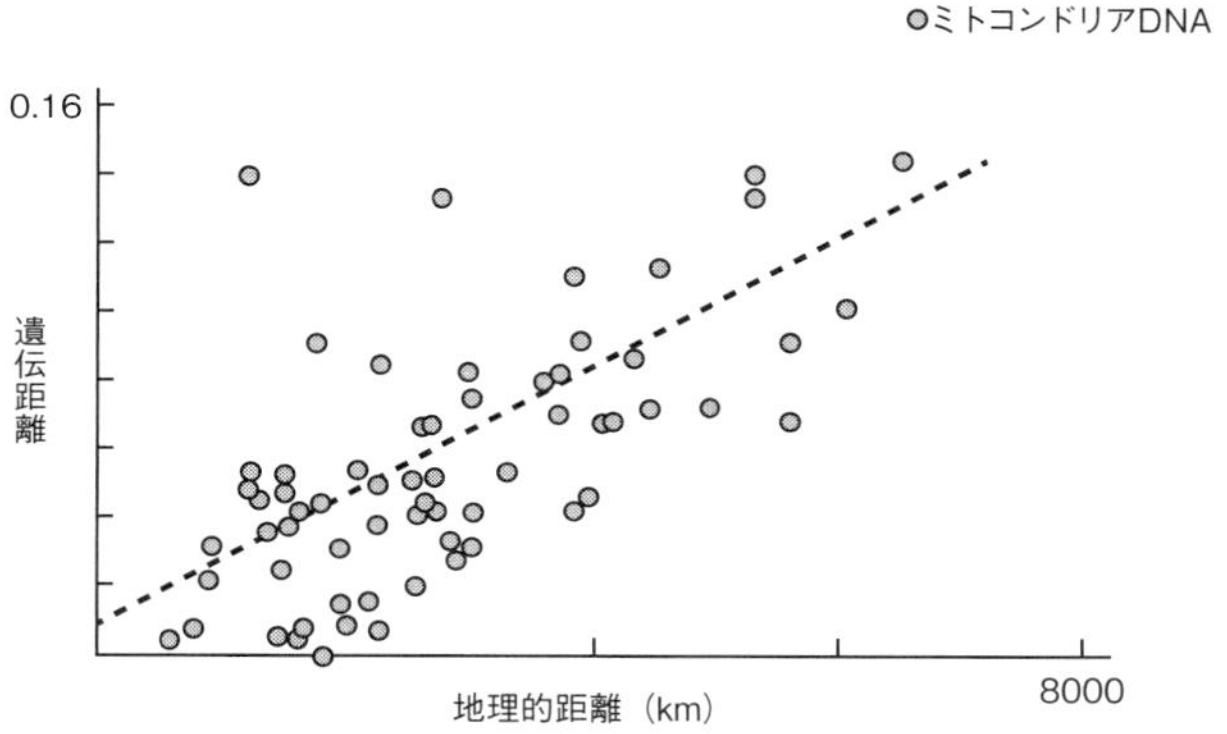

図31ａ：東アジアにおける女性の系統の地理的距離と遺伝距離の関係

系統）の場合、地理的距離と遺伝距離との間に全く相関が見られませんでした（図31ｂ）。

前出のヨーロッパでのグラフ（第4章、図20）と見比べると、東アジアではヨーロッパと逆のパターンになっているように見えますが、実はそうではありません。ミトコンドリアＤＮＡの集団間遺伝距離（F_{st}）の平均は０・０５６ですが、Ｙ染色体のそれは０・０９６でほぼ2倍です。つまり男性の系統の集団間の遺伝距離の方が、女性の系統の集団間の遺伝距離よりも大きい。その点では、東アジアとヨーロッパでは共通しているのです。東アジアでも男性の系統で女性の系統より集団間遺伝距離が大きかったのは、母系社会の傾向より父系社会の傾向を強く表していると考えられます。

ただ、ヨーロッパとは違い、東アジアにおける男性の系統は地理的距離とは無関係に集団間の違いが

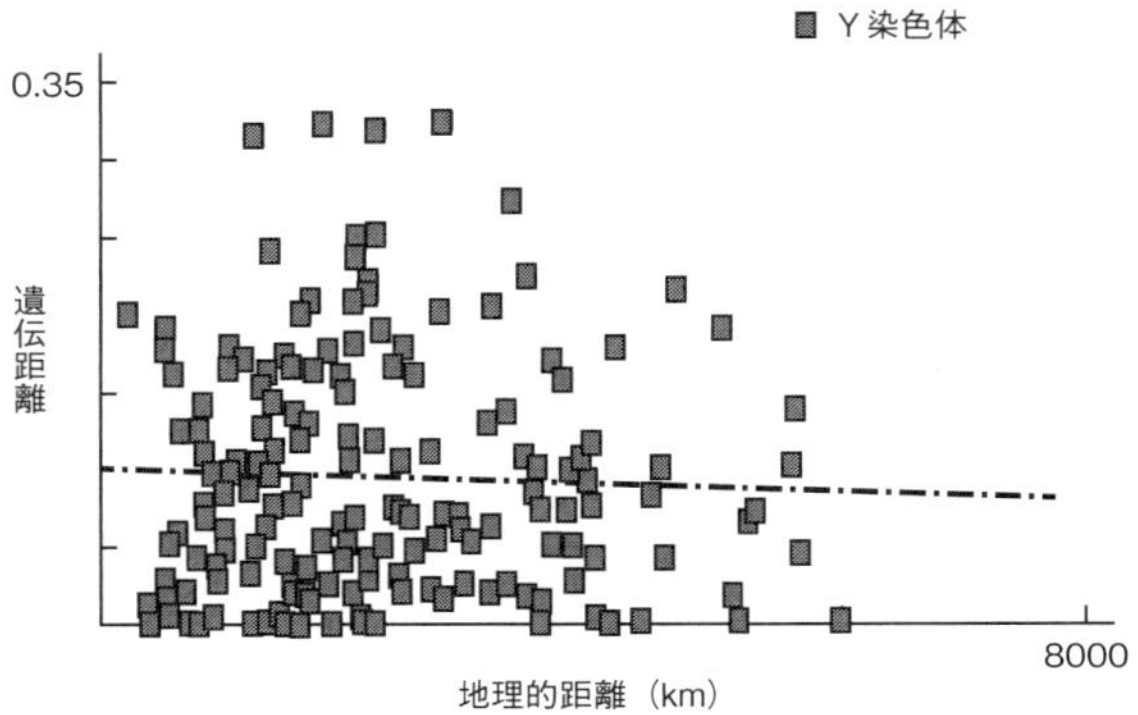

図31 b ：東アジアにおける男性の系統の地理的距離と遺伝距離の関係

見られました。

東アジアのY染色体にはヨーロッパで観察されたような遺伝距離と地理的距離との相関関係がありませんでした。というか、ヨーロッパでもミトコンドリアDNAに比べてY染色体の方は遺伝距離と地理的距離との相関は弱い（統計学的に有意な相関はない）のですが、東アジアでは全然なかったということです。この結果から、私たちの研究グループは「東アジアの男性の系統では移動の効果よりも、一所に留まった男性の系統で遺伝的浮動の影響の方がずっと大きかったから、遺伝距離と地理的距離との相関が見られなかった」と結論づけました。後述するように、この解釈は、後年ケンブリッジ大学のグループによって別の解釈が加えられることになります。

3 日本列島人のルーツをさぐる

琉球諸島の中学生の歯形を手がかりに

この章の冒頭でお話ししましたように、ここまで話してきた「男女で異なる移動パターン」(sex-biased migration) の研究は、私がドイツにいた時にやった仕事です。私は、その後米国のイェール大学医学部に移り4年間そこで研究をした後、2005年に帰国しました。その翌2006年から琉球諸島民の集団遺伝学調査を始めました。この調査に誘ってくれたのは、琉球大学医学部・教授の石田肇《はじめ》です。石田は解剖学者であり、形態学を専門とする人類学者です。

＊8　アメリカ合衆国のGenBank (https://www.ncbi.nlm.nih.gov/genbank/)、欧州のEMBL (https://www.embl.org/)、日本のDDBJ (http://www.ddbj.nig.ac.jp/index-j.html) が、三大国際DNAデータバンクです。ヒトのY染色体STR多型のデータベースとして有名なのは、YHRD (https://yhrd.org) です。ただ、ここで紹介している私たちの論文で解析に使ったY染色体STR多型データは、Su et al. (1999) という論文からのデータです。ミトコンドリアDNA配列の多くも個々の論文の著者にメールをして送ってもらったデータです。

彼は琉球諸島の複数の離島へ行って、それぞれの島に住む人々の形態的データの収集を試みました。

人類学では古人骨の形態を計測し、その生物学的特徴を抽出します。一方、生きている人の形態的データをどうやって取るかというと、もちろん身長などを計測する方法もありますが、石田は歯牙の形質を詳細に調べる方法を採用しました。当時の中学生たちに型取り用のシリコンを噛《か》ませ、それをもとに石膏で歯型をつくるのです。この石膏模型を計測し、島々に住む人々の形態的特徴を調べました。

歯牙は昔から形質人類学の研究対象としてよく用いられてきました。歯は硬くて丈夫なので、遺跡などから出土する古人骨に残っていることが多く、しかもその形質には遺伝性が高い特徴が多く含まれていることが知られているからです。

琉球諸島の離島での対象を子供や成人ではなく中学生としたのには理由があります。中学生なので乳歯から永久歯に生え替わっていますが、成人の歯より損傷が少ないからです。たとえば、中学生は大人より虫歯が少なく、しかも治療の痕跡も最小限であると期待されます。このように、永久歯に生え替わったばかりの歯は、環境や人為的な操作の影響をあまり受けていないと想定されます。

そう狙いをつけて石田が中学生の歯型を測定し統計学的に解析したところ、島によって歯は異なる特徴を示すことが分かりました。歯の形態データに基づいて集団間の遺伝距離を計算したところ、地理的に近い島々の間で、思いのほか大きな違いがあることが分かったのです。遺伝子を調べてみれば、これと同様の結果が出るかもしれません。私は石田からそのようなアイディアをもらい、調査に加わりました。

†高校生のDNAを調べる

琉球諸島には沖縄諸島、奄美諸島、先島諸島《さきしま》（宮古列島や八重山列島など）が含まれます。地図を見れば一目瞭然ですが、先島諸島は地理的には沖縄本島よりも台湾に近いです。考古学でも、台湾の遺跡から出土する遺物との共通性が指摘されています。もしかすると先島諸島の人々には、台湾先住民との遺伝的つながりがあるのではないか。そういうことも視野に入れつつ、サンプリングを始めました。

私がこの調査に参加した時点では、石田が調査を開始してから数年が経過していたので、歯型を取られた中学生たちはすでに高校生になっていました。私たちは歯型を取らせてもらった皆さんを追跡するために高校を訪問しました。DNAを分析させてもらうため、まず私たちの研究の内容を理解してもらい、その上で研究協力の同意を得る必要がありました。遺伝子や人類学について私たちが話すレクチャーを放課後に聞いてもらい、協力を呼びかけました。そして同意してくれた高校生たちから、採血を行いました。

校医の先生の協力も得て採血をするのですが、女子生徒の中には、採血の途中に貧血で倒れてしまう子もいました。もちろん血液の取り過ぎではありません。注射器に自分の血液が入っていくのを見て気分が悪くなるのです。採血ではそういうことが起こりがちです。そこで途中から方法を切り替えました。第1章でも話しましたが、唾液からもDNAを採取できます。採血では注射器を使わないわけにはいきませんが、唾液採取ならば注射器は必要ありません。より侵襲性が低い方法と言えます。

唾液を採取する際には、ミカンを用意しました。たいていの人はミカンが酸っぱいことを経験していますから、ミカンを見ると唾液が出てきます。唾液が口に溜まったところで吐き出してもらいます。DNAを採取する場合、唾液なら5ミリリットルほど必要ですが、それだけの唾液を吐くのは意外と簡単ではありません。後年、商用キットを使うようになったので2ミリリットルでよくなりましたが、それでも一生懸命吐き出さなくては、なかなか必要量に達しません。高校生たちに「あとで食べてもいいよ」と言って唾液を出してもらい、東京大学の柏キャンパスに持ち帰りました。当時、修士課程の大学院生だった松草博隆が分析を担当しました。


†琉球諸島民調査で見えた男性・女性の動き

この研究でも、ミトコンドリアDNAとY染色体を比較しました。

ミトコンドリアの多様性を見ると琉球諸島民3集団（沖縄本島・宮古島・石垣島）の集団間遺伝距離の平均（0・031）は、日本列島人5集団（琉球諸島民の3集団と本土日本人と北海道アイヌ）の集団間遺伝距離の平均（0・035）とほとんど差がありませんでした。また、東アジア人（琉球諸島民の3集団を含めない15集団）の平均（0・049）と比べると多少値が小さくなりますが、ほとんど差がないと言っていいでしょう。したがって、女性の系統では琉球諸島民、本土日本人、東アジア人という3つの括りの間で、集団間多様性にさほど大きな違いは見られなかったと言えます。

一方でY染色体の遺伝子多様性を見ると、琉球諸島民（3集団）の平均は0・081、日本列島人（5集団）の平均は0・069となっています。地理的な範囲を考えると、琉球諸島のこれら3島を含む範囲より、日本列島5集団を含む範囲の方が大きいので、集団間の遺伝距離の平均は、ミトコンドリアDNAで見られたように、琉球諸島3島の平均より日本列島5集団の平均の方が少しは大きくなることが期待されます。でも、Y染色体では、日本列島人（5集団）より地理的には狭い範囲に位置する琉球諸島民（3集団）の方が、集団間の遺伝距離により大きな違いが観察されました。

琉球諸島民の3集団間におけるY染色体の遺伝距離は、日本列島人の5集団間におけるY染色体の遺伝距離よりも大きい。これはどのように解釈したらよいのでしょうか。

東アジア全体では、平均集団間遺伝距離は0・347でした。この高い数値は、先に指摘したのと同様に、東アジアで父系制が強いことを示していると解釈できますが、より広い地理的範囲である日本列島人という一括りよりも、より狭い地理的範囲である琉球諸島民の集団間遺伝距離が、相対的に高いという結果に関する解釈は、けっこう難しいわけです。

おそらく、日本列島人という括りより、琉球諸島人という括りの方が、より強い父系制の効果が現れていると考えるのが妥当なのではないかと私たちは解釈しました。島というと、男性の方が船に乗って島々を移動しているような光景をイメージしますが、おそらくここでも女性の方が婚姻システムを介して活発に島々の間を移動しているため、集団間の遺伝距離がミトコンドリアDNAでY染色体より小さくなったのではないかという解釈です。女性が嫁入りで島々の間を移動する一方で、男性は同じ島にとどまる傾向が強い、より保守的な父系社会のイメージが浮かび上がってきました。この解釈が正しいか否かは、より文化史的な研究によって明らかになるでしょう。

†日本人のルーツという問題

それではここで少し話題を転じて、日本列島のヒト集団の形成史について簡単に触れておきましょう。

日本列島には約4万年前から人が住んでいた痕跡があります。考古学の世界的な時代区分を当てはめて後期旧石器時代と呼ばれる時代です。本州では、この時代の遺跡から石器は見つかっていますが、信頼のおける人骨は見つかっていません。でも、琉球諸島からは、後期旧石器時代の人骨も見つかっています。

そして約1万6000年前から縄文時代が始まります。縄文時代とは縄文文化の時代で、文字による記録のない先史時代です。縄文時代のスタートは、地域によってズレがあります。縄文時代すなわち縄文文化のスタートとは、縄文土器の発見によって規定されます。縄文時代の遺跡からは人骨が発見されています。そうした古人骨の研究から、縄文文化を担った人々が、どのような容姿をしていたか分析されてきました。

その後、約3000年前に大陸から稲作農耕とともに移民が日本列島に入ってきたと考えられています。この移民が渡来民と呼ばれ、渡来系弥生人と呼ばれる人々だということは一般にもよく知られています。

この辺りから弥生時代のスタートですが、以前、考古学者の東京大学教授・設楽《したら》博己《ひろみ》と話していた際なにげなく私が「大陸から弥生人が渡来して」という言い方をした時、「大陸から弥生人は渡来していません」という指摘を受けました。つまり、約3000年前ごろから日本列島の特に北部九州あたりに大陸から渡ってきた人たちが、稲作農耕を基礎とした弥生文化の形成に大きく貢献したわけですが、弥生人が渡ってきたわけではありません。弥生文化は日本列島で形成されたものだからです。そりゃそうだ、と同意できる指摘でした。

一般に弥生文化を規定する水田農耕や弥生土器が使われていた時期を弥生時代と呼び、私たちはその時代の遺跡から出土する人骨を弥生時代人（略して弥生人）と呼んでいるわけです。でも大陸から渡ってきたのは弥生人ではなく大陸の人だったのです。

人類学と考古学は、いつも近くに位置する学問ですが、同じ遺跡を調査する場合でも、両者は異なる視点で遺跡を観察します。ごく単純に言えば、考古学では主に遺跡に残る文化の痕跡にフォーカスされますが、人類学では遺跡に残る生物遺物、主に人骨にフォーカスされます。本来これらは分けて議論するのでなく一緒に研究することで遺跡を総合的に理解できるわけですが、学者の側の視点が人類学と考古学では多少異なるため、焦点の異なった記載がなされることが多いのです。

†縄文人、弥生人、アイヌ、琉球列島人

縄文時代（約1万6000年前〜）に日本列島に住んでいた人々、縄文人。そして、弥生時代（約3000〜2000年前）の人々、弥生人。日本の人類学では、弥生人と縄文人の関係、

そして北海道のアイヌの人たちと琉球諸島の人たち、そして現代の日本列島人との関係が研究の大きなテーマの1つになっています。

私たち人類学者が〝日本列島人〟という言い方をする理由は、〝日本人〟の定義は、その人の思想・信条によって異なるからです。〝日本列島人〟という言い方であれば、過去から現在まで日本列島に住んでいたヒト（生物学的な意味での人）を包括的に表現できるはずだ、と考えるからです。ただ、ここではあえて〝日本人〟という言葉で話を進めてみましょう。そもそも研究者の思想・信条の影響が完全にない状態で〝日本人〟を語ることができるのかどうかは不明だからです。

〝日本人〟は自らのアイデンティティーについて、江戸末期に外国と接触を持ったことをきっかけに考えるようになったようです。世界中のあらゆる民族集団がそうですが、自分たち以外の集団と遭遇するまでは自分たちのアイデンティティーに関して深く考えないものなのかもしれません。

日本ではオランダ商館付の医師で博物学者でもあったフィリップ・フランツ・フォン・シーボルトが当時既に「縄文人はアイヌの祖先である」という説を唱えています。これは非常に的確で現在でも十分に通用する観察です。

明治以後、欧米の先進技術や学問・制度を輸入するために外国人を積極的に雇用するようになりました。彼らは明治政府や府県によって、官庁や学校に招聘《しょうへい》されました。お雇い外国人とも呼ばれた人々です。

お雇い外国人の一人で、東京大学で動物学・生理学を教えていたエドワード・S・モースは大森貝塚を発見したことで有名です。モースは、次のような説を唱えています。「アイヌは、アジアからの渡来民と交代した。その渡来民の子孫が現在の日本人である。もともとアイヌが住んでいた所に渡来民が来て、現在の日本人ができた」――これは現在では「置換説」と呼ばれるものです。

それから時代は下り、戦後、東京大学理学部人類学教室・教授であった鈴木尚《ひさし》(1912〜2004)は「縄文時代以降徐々に小進化を遂げ、現代日本人が形成された」という考えを示しました。これは「小進化(変形)説」と呼ばれています。

1958年、鈴木は徳川家代々の将軍の骨格の形態学的な調査研究を行いました。近代に近づくにつれて将軍たちの顎は細くなり、貴族化していきます。食生活をはじめとする生活習慣や環境の変化によって、顔の形はいくらでも変わり得る。こうした人類の形態の可塑性を重視して、縄文人と弥生人では顔の形態的特徴が違うと言われるが、おそらく生活環境の変化に伴って変形しただけだろう。つまり小進化したのだろう。よって、縄文人が住んでいた所に大勢の渡来民が来て置き換わったと考える必要はない。鈴木はそう考えたようです。

✝日本人の二重構造説とは

ここで、鈴木尚の変形（Transformation）説とモースの置換（Replacement）説を比較してみましょう。変形説では、現代の日本人の直接の祖先は縄文人であり、弥生時代の渡来民の遺伝的影響はほとんどゼロと考えます。一方で置換説では、現代の日本人の直接の祖先は弥生時代にアジアから渡来してきた人々であり、縄文人の遺伝的影響は、少なくとも本土ではほとんどゼロであると考えます。

こうした現代日本人の形成に関する諸説を総合的に検討した埴原和郎《はにはらかずろう》（当時は東京大学理学部人類学教室・教授。1927〜2004）は、1990年代ごろ、歯牙計測データを基礎に「日本人の二重構造モデル」を唱えました。この二重構造モデルは、現在の人類学者たちが現代日本人の形成を考えるうえでのたたき台になっています。モデルというより仮説ですので、ここでは「二重構造説」と呼ぶことにします。

二重構造説を簡単にまとめると、次のようになります。

①縄文人は東南アジア起源である。
②アイヌと琉球人は縄文人の直接の子孫である。
③約2000年前に北東アジアから（おそらく朝鮮半島づたいに）、大量に人が渡来した（渡

来系弥生人）。

④本土では縄文人と渡来系弥生人の混血が進んだが、北海道と琉球諸島では渡来民の遺伝的影響が少なく、縄文人の系統が色濃く残った。

「大量に人が渡来した」のが「約2000年前」になっているのは、埴原和郎が二重構造説を世に問うた頃には、まだ弥生時代の始まりは約2000年前と考えられていたからです。現在では、その後の年代測定の研究が進んだ結果、弥生時代の始まりが約3000年前まで遡って考えられています（第6章で詳述します）。

④は混血説と言われる部分で、昔から存在していた考え方ですが、埴原はそれまでの研究を総括した形で二重構造説を提唱しています。

†遺伝人類学からの「日本人のルーツ」へのアプローチ

二重構造説は、これまでに提唱されてきたいくつかの混血説の1つです。混血説は、遺伝子の研究が可能になる以前からあるわけですが、DNAを調べる技術が進歩したことにより、遺伝学的にも検証することができるようになりました。

ミトコンドリアDNAに関しては、宝来聰《ほうらいさとし》（総合研究大学院大学・教授）の研究が古典となっています。宝来は1996年に発表した論文で、台湾漢民族（66人）、韓国人（64人）、琉球人

（50人）、北海道アイヌ（51人）、本土日本人（62人）のミトコンドリアDNAのDループの配列を分析し、2つの集団間で同じ配列を持つ人の数を調べました。*9

たとえば本土日本人と韓国人では同じ配列が8タイプあり、それを持っている日本人は14人、韓国人は17人いました。日本人とアイヌでは同じ配列が4タイプあり、それを持っている日本人は5人、アイヌは7人いました。日本人と琉球人では同じ配列が3タイプあり、それを持っている日本人は5人、琉球人は4人いました。

これは、本州では朝鮮半島づたいにやってきた渡来人（ここでは韓国人）と縄文人（アイヌと琉球人）の系統の混血が進んだ、という二重構造説の④の部分と一致する結果を示しています。ところが、二重構造説において渡来民の遺伝的影響が少なく縄文人の直接の子孫として同系統と考えられる琉球人とアイヌの間では同じ配列が見つかりませんでした。

私の研究グループで大学院生だった小金渕《こがねぶち》佳江《かえ》（北里大学医療系研究科）は琉球人とアイヌ*10

*9 「本土日本」と言う場合、聞く人によってその範囲は異なると思いますが、自然人類学では、本州、九州、四国を合わせて「本土日本」と呼ぶことが多いです。「本土日本」に北海道を入れるか入れないかは、記述の際に定義されることが多いですが、上記の大きな島以外の島は、「本土日本」に入れないで、たとえば「琉球諸島」として区別したりします。ですから、「本州」と「本土」は、本書では区別して用いています。

の男性の系統、Y染色体に着目した研究を行い2012年に論文として発表しました。アイヌの男性19人についてY染色体のSTR多型9座位を調べた結果、10個のY染色体ハプロタイプが見つかりました。これを1166人の日本人男性を含むデータベースに照らし合わせて調べたところ、10個のY染色体ハプロタイプのうち7つはアイヌでしか見つからないハプロタイプでした。

そして残りの3つのうち1つのハプロタイプは宮城県出身の男性、1つは先島諸島の宮古島出身男性、1つは沖縄本島出身男性と一致しました。つまり琉球人とアイヌは共通のY染色体ハプロタイプを持つことが明らかになりました。

†日本列島にも「男女によって異なる移動パターン」があった?!

ミトコンドリア(女性の系統)では共通の配列が存在しなかったけれど、Y染色体(男性の系統)ではそれが存在したわけです。系統ネットワークを描いてみると、アイヌと琉球人との共通のハプロタイプは系統ネットワークの内側にきました。もし、共通のハプロタイプが系統ネットワークの外側にきたとしたら、それは最近の混血を意味しています。しかし、共通のハプロタイプは系統ネットワークの内側にきましたから、このハプロタイプは、相当古い段階で現在の北海道に住むアイヌと琉球人との共通祖先がいたことを示しました。私たちの計算では、琉球人と北海道アイヌの共通の祖先は3万年ほど遡ると推定されました。

ミトコンドリアDNAでは見つからなかった共通配列が、Y染色体では共通ハプロタイプが示されました。これも「男女によって異なる移動パターン」(sex-biased migration)の1つと言えるかもしれません。

ミトコンドリアDNAで琉球人とアイヌの共通配列を見出せなかったのは、両者の共通祖先集団では、女性の交流が少ない状態だった一方、男性の系統ではアイヌと琉球人の祖先集団の中で、頻繁な交流があったのかもしれません。これだけの情報から、アイヌと琉球人の祖先集団が父系社会だったのか母系社会だったのか、判断することは難しいですが、当時の人々も一方の性に偏った(sex-biased)遺伝的交流をしていた可能性は低くなく、それが現代のアイヌと琉球人それぞれを形成する1つの要因になったのかもしれません。

＊10　この研究で対象としたのは北海道の日高地方のアイヌの人々です。東京大学名誉教授・尾本恵市らが1966年から6年かけて行った調査で得られた試料を使わせてもらい分析しました。所属している大学での倫理審査委員会の承認を得ていることはもちろんですが、斎藤成也(国立遺伝学研究所・教授)と私の研究グループのメンバーは、この論文が発表された翌年、北海道沙流郡平取町二風谷を訪れ、現在もアイヌ文化を伝える皆さんに出版の報告とともにご挨拶させていただきました。とても素晴らしい交流を持てたことに私の研究グループの若いメンバーたちは感動していました。

第6章

チンギス・ハンのDNA

山東省で出土した古人骨の資料館(1994年の調査にて)

1　古代DNA分析を活用する

†前章までのまとめ

さていよいよチンギス・ハンのDNAという話につながっていくのですが、ここで、前章までの内容を簡単におさらいしておきましょう。進化の理論には、主だったものとして自然選択理論と中立理論があるという話をしてきました。自然選択理論は、進化がある程度必然性を帯びていることを前提としています。一方で中立理論は、偶然性に着目しています。自然選択理論が適者生存と象徴的に言われるのに対して、中立理論は幸運者生存と言われています。いずれも生物進化を支える基本的理論ですが、少なくとも分子レベルでは中立理論で説明できる現象が大半です。そこで私たち研究者の多くは日々の研究活動の中でゲノムの大部分を占める偶然から、何とかして必然で説明しうる領域を見つけようとしています。

1998年、マーク・セイエルスタッドらのグループは雑誌『ネイチャー・ジェネティックス』(Nature Genetics)に次のような論文を発表しました。ヨーロッパの人類集団について、Y染色体とミトコンドリアDNAを調べ、2つの集団間の地理的距離を横軸、遺伝距離を縦軸に取って数値をプロットする。そうすると男性の系統を反映するY染色体の場合、地理的距離が離れるほど集団間の遺伝距離も大きく離れていくけれども、女性の系統を反映するミトコンドリアDNAの場合は、地理的距離が離れていても、遺伝距離はそれほど離れていかない。

セイエルスタッドたちが注目したのが婚姻に関する文化的要因です。そうだとするとヨーロッパ社会における父系性が影響している可能性がある。これがセイエルスタッドたちの論文の主張でした。ヨーロッパの人類集団についてY染色体とミトコンドリアDNAを調べて作った地理的距離と遺伝距離のプロットは、そうした父系社会で起こりうる、遺伝子頻度が一方の性で偏る（sex-biased）現象を反映しているのではないか。セイエルスタッドらは、そう結論づけました。

この仮説を証明するためには、母系社会を調べてみればよい。私たちの研究グループはそう考えて、父系集団（夫方居住）と母系集団（妻方居住）がモザイク状に存在するタイ北部の山岳民族からDNAを採取し、Y染色体とミトコンドリアDNAを調べたところ、まさにそのような結果が出た。そういう話をしてきました。

私たちはさらに東アジア全域まで範囲を広げ、さまざまな地域集団からY染色体とミトコンドリアDNAのデータを収集し、女性の系統と男性の系統の遺伝的多様性のパターンを調べました。そして、東アジアにおいても、Y染色体の集団間の違いは父系社会のもとで形成されたと解釈できる結果を得ました。

†「性によって偏る」遺伝子頻度、日本でも

1996年に発表された宝来聰らの論文では、日本列島に現在住んでいるアイヌ、琉球、本州日本の3集団を調べ、漢民族および韓国人のミトコンドリアDNAのDループの配列を比較し、その共通性を調べていました。その結果は二重構造説の混血説の部分、つまり本土では渡来系弥生人（この論文では韓国人のデータを渡来系弥生人とイコールと仮定しています）と縄文人（直接の子孫と考えられる北海道アイヌと琉球人をイコールと仮定しています）の混血が進んだという部分を支持する結果でした。

しかし二重構造説と異なる部分は、縄文人の直接の子孫であると考えられた琉球人とアイヌとの間に同じ配列が見当たらなかったことでした。

のちに私たちの研究グループは、琉球人とアイヌのY染色体を調べ、琉球人とアイヌとの間で共通のY染色体のタイプを持つことを見つけました。ミトコンドリアDNAでは共通の配列が見つかりませんでした。琉球人とアイヌには共通の祖先がいたことはいたのだろうけれど、男性の系統と女性の系統ではそのあり方が異なっていたのかもしれません。性によって偏る（sex-biased）この結果は、過去の共通祖先集団における婚姻システムや性で偏った移住が要因

になったのかもしれないと私たちは考えました。

古代DNA分析と『ジュラシック・パーク』

前章までのおさらいが済んだので、話題を転じて少し唐突ですが恐竜のDNAの話をしたいと思います。1993年公開の映画『ジュラシック・パーク』（スティーヴン・スピルバーグ監督、アメリカ）は当時、最先端のCG技術によるリアルな恐竜が登場することで大きな話題となりました。この映画の原作は、1990年に出版されたマイケル・クライトンの同名の小説です。太古の虫、恐竜時代に生きていた小さな虫たちが閉じ込められた琥珀《こはく》が登場します。琥珀とは、ご承知のように樹液が固まったものです。彼は、恐竜の血を吸った蚊が琥珀に閉じ込められているという、ありそうなシチュエーションを設定しました。

作品ではドリルで琥珀に穴を開け、蚊の体液から恐竜の血液を取り出します。カエルの受精卵の細胞核を抜き出し、そこに恐竜の血液から取り出した細胞核を入れて恐竜のゲノム情報を持つ受精卵を作成し、恐竜をよみがえらせるのです。

しかし、小説であるがゆえに科学的にリアルでないところもあります。琥珀は非常に強固な樹脂であるため、密閉されて閉じ込められている虫は酸化しません。虫の形状はそのままで、琥珀の中に閉じ込められている限りDNAも残っています。しかしドリルで穴を開けると、真空状態でその作業を行わない限り、琥珀の中の虫は酸素に触れてしまいタンパク質もＤＮＡも一気に酸化し破壊されてしまいます。小説のように琥珀に閉じ込められた蚊が吸った恐竜の血液からＤＮＡを取り出す、という作業は相当難しい技術のはずです。

『ジュラシック・パーク』が公開された当時、これと似たようなことを試みた研究者は少なくありませんでした。ただし対象は恐竜ではなく、また、映画とは異なる技術を用いていました。マイケル・クライトンがこの小説を書いていたのとほぼ同時期に、ＰＣＲ法（Polymerase Chain Reaction ポリメラーゼ連鎖反応）という現在ではおそらく最も一般化した分子生物学の実験技術が開発されました。今では当たり前の手法です。少しでも分子生物学をやったことのある人は次の項は読み飛ばしてもらえればと思います。

†基礎技術のＰＣＲ法とは

ＰＣＲ法とは、ＤＮＡ合成酵素（ＤＮＡポリメラーゼ）という酵素を用いてＤＮＡを増幅する技術です。基本的には、ＤＮＡの全てを増幅するのではなく、特定の場所だけを増幅します。*11 その特定の場所を指定するために「プライマー（primer）」というものを必要とします。

プライマーとはたとえるなら、インターネットの検索サイトで入力する検索ワードのようなものです。プライマーとは20文字ほどの塩基配列でできた検索ワードにあたります。ただし、

PCR法では検索ワードは1つではなく2つ入れます。その2つのプライマーに挟まれたゲノム領域が検索される対象です。ヒトゲノムは35億塩基対ですが、35億文字から特定の領域を2つのプライマーで検索し、それらで挟まれた領域をDNAポリメラーゼによって増幅します。

試験管、といっても0・2ミリリットルほどのプラスチック製の小さなものですが、この試験管に2つのプライマーとDNAポリメラーゼ、ポリメラーゼが適切に働くために必要なpHや塩濃度に調製された緩衝溶液《かんしょう》（バッファー）、ヌクレオチド（DNAの材料）、そして鋳型《いがた》となるDNAを入れます。そしてこの試験管をサーマルサイクラーと呼ばれる装置にセットし、温度を上げたり下げたりします。

第1章でお話ししたようにDNAはもともと二本鎖の二重らせん構造をとっていますが、DNAを入れたバッファーの温度を上げるとだんだん二本鎖が解離していきます。ふつうは沸騰しない95〜98度で、30秒くらいに設定します。このあと温度を下げると70度を下回ったくらい（ふつうは55〜65度ぐらいに設定）で再び二本鎖になります。このとき20文字ほどの塩基配列でできた検索ワードである短い2つのプライマーが鋳型DNAの鎖にくっつきます。その後、

＊11　現在ではゲノムDNA全体を増幅する whole genome amplification という技術も一般的に使われています。ここでは、ごく基本的なPCR法の原理について説明しようとしています。

ＤＮＡポリメラーゼが働きやすい温度（至適温度）である72度まで上げると、プライマーから鋳型にそってＤＮＡの合成が行われます。その時間は、プライマーが挟む領域にもよりますが、30秒から1分くらいで５００〜１０００塩基くらい合成される目安です。そしてまた、30秒ほど90度以上の温度で温め、60度前後に下げ、30秒ほどしたら、さらに30秒ほど72度に温めます。それを20〜30回繰り返すと、特定のゲノム領域を増幅していくことができます。たとえ最初の鋳型ＤＮＡが1分子しかなくても、30回繰り返すなら2の30乗倍に増幅していくことができるというわけです。

身近なところでは、ＰＣＲ法は犯罪捜査や食品検査などにも使われる技術です。ＰＣＲ法は非常に汎用性が高く、これなしではＤＮＡの分析はありえない、ごく一般的な技術です。

ＰＣＲ法を開発したのは１９９３年にノーベル化学賞を受賞したアメリカの生化学者、キャリー・マリスです。『マリス博士の奇想天外な人生』（参考文献37）という自叙伝には、マリスが相当な奇人であった様が、本人の言葉で語られています。マリスが恋人とドライブをしている時、ＰＣＲ法の原理を思いついたという話は有名です。

マリスは、カリフォルニア大学バークレー校で博士号を取得していますが、ここには第2章で登場したアラン・Ｃ・ウィルソンがいました。ある年、アラン・Ｃ・ウィルソンが担任したクラスの中にキャリー・マリスがいたのです。つまり教え子の一人でした。マリスは大学卒業後もアラン・C・ウィルソンと交流を持っていたと聞いています。マリスはPCR法が世に広まる以前から、この技術についてアラン・C・ウィルソンに伝えていたようです。そのためアラン・C・ウィルソンは非常に早い段階からPCR法を知っていたし、その利用法についてもアイディアを持っていたようです。

†ウィルソンによる世界初の古代DNA分析

アラン・C・ウィルソンは天才的な科学者で、第2章で紹介した「ミトコンドリア・イヴ仮説」は、彼のアイディアです。他にも数え切れない画期的な研究をしていますが、古い生物の遺物からDNAを抽出し、過去の遺伝情報から進化を議論する「古代DNA分析」に世界で初めて成功したのも彼です。

その時に研究対象としたのは、かつて南アフリカの草原地帯に生息していたけれども、すでに絶滅したクアッガという動物です。上半身（背部より頭側）にはシマウマのような縞《しま》があり、下半身（腹部より尻側）は縞がなくウマに似ていました。クアッガという名前は「クアックアッ」という鳴き声から来ているそうです。

アラン・C・ウィルソンは博物館に保管されていたクアッガの剝製《はくせい》からDNAを取り出し、PCR法でミトコンドリアDNAの一部を増幅して分析しました。そのデータに基づきクアッガが遺伝子的にシマウマとウマのいずれに近いのかを推定し、1985年『ネイチャー』誌にその結果を発表しました。

古い生物の遺物に残るDNAは、たとえ残っていたとしても微量で、しかも化学修飾を受けており、断片化して長さも短くなっています。こうした〝質の悪いDNA〟を分析する場合には、何らかの方法で少ない量のまともなDNA分子を分析可能な量にまで増やす必要があります。アラン・C・ウィルソンは、マリスの開発したPCR法をそれに用いたのです。

このクアッガの剝製のDNA分析をきっかけに人々は古代DNAの分析が可能であることを知りました。これはちょうどマイケル・クライトンの『ジュラシック・パーク』出版直前の時期と重なるため、おそらくクライトンはPCR法を知らなかったのでしょう、小説の中にはPCR法は登場しません。アラン・C・ウィルソンが世界で初めて古代DNA分析の成功を発表した1985年以降、十数年の間に非常に多くの生物でPCR法を用いた分析が行われました。マンモスやモア（ニュージーランドにかつて生息していた鳥類）、ケーブ・ベア（ヨーロッパに多く生息していた洞窟に住むクマ）などといった絶滅種のDNAが、PCR法によって盛んに分析されました。

†スバンテ・ペーボによるミイラのDNA分析

ヒトに関する古代DNA分析のパイオニアとしては、スバンテ・ペーボがエジプトのミイラのDNAを分析したのが最初です。第3章でも登場したスバンテ・ペーボは、当時スウェーデンのウプサラ大学の大学院生でした。ペーボは自ら大英博物館にコンタクトをとり、エジプトのミイラからDNAを採取させてもらえるよう依頼しました。そこで提供されたサンプルを分析し、『ネイチャー』誌に論文を発表しました。この時ペーボはPCR法を用いていません。大腸菌の中にエジプトのミイラのDNA断片を挿入したプラスミドを入れて増やしています。

この手法はモレキュラー・クローニングという旧来のやり方で、PCR法が一般化する以前の常套手段です。プラスミドというのは、バクテリアが持っている小型の環状DNAです。プラスミドを酵素で切断し、そこに分析したい対象となるDNAの断片を挿入します。この人工的に加工したプラスミドを大腸菌に入れて培養液で大腸菌を増やすと、プラスミドも増えます。こうして分析対象となるDNA断片のクローンを大量に手に入れることができます。とは言っても、PCR法でのDNA断片の増幅のほうが、実験のステップが少なくずっと楽です。

先ほどのクアッガについてのアラン・C・ウィルソンの論文の方がペーボの論文より一足先に出ていたため、世界で初めて古代DNA分析の発表をしたのはアラン・C・ウィルソンの研究室ということになりました。科学の世界は早い者勝ちです。ペーボも相当の天才ですが、発表のタイミングではアラン・C・ウィルソンに先を越されました。ヒトの古代DNA分析としては世界で初めてでしたが、古代DNA分析という過去に存在しなかった研究という意味では後塵《こうじん》を拝することになりました。ペーボはその後、ポスドクとしてアラン・C・ウィルソンの研究室のメンバーになりました。つまり、弟子入りした格好になります。

エジプトのミイラからDNAを採取したというペーボの論文は、のちに彼自身によって否定されます。ペーボは自らのDNAが混入していたことを認め、論文の誤りを告白しています。エジプトのミイラだと思って分析したDNAはペーボ自身のDNAだったのです。このように実験現場における混入・汚染をコンタミネーション（contamination）と言います。後述するように、古代DNA分析ではしばしばこのコンタミネーションが大きな問題になります。

†古代DNA分析で重宝されたミトコンドリア

第3章でも述べたように、のちにペーボはネアンデルタール人のDNAも分析しています。ネアンデルタール人で最初に調べられたのは、ミトコンドリアDNAです。

繰り返しになりますが、ミトコンドリアは細胞核とは独立してDNAを持ち、独自に増殖しています。しかも細胞の中に核は1つしかありませんが、ミトコンドリアは複数（100〜1000）存在します。

最近の研究で、筋肉を鍛えると細胞内のミトコンドリアの数が増えることが明らかになりました。ミトコンドリアは細胞にエネルギーを供給する細胞内小器官ですから、エネルギーが必要とされる所では数が増えるようです。

細胞当たりのミトコンドリアの数が核に比べて100倍から1000倍も多いということは、古いDNAを調べるのに都合がよいのです。古いDNAは分解されて量が減っているため分析するのが非常に難しいのですが、1つの細胞内に複数存在するミトコンドリアのDNAは、核のDNAよりも残存している確率が高くなります。そこで古代DNA分析を試みた初期の研究者たちはミトコンドリアDNAに着目していました。アラン・C・ウィルソンのクアッガの研究でも、ペーボのネアンデルタール人の研究でも、ともにミトコンドリアDNAが分析され、ともに成功を収めています。

†恐竜のDNA分析成功?! 反面教師となった論文

『ジュラシック・パーク』が公開された翌年1994年の『サイエンス』誌に、白亜紀の恐竜の骨からミトコンドリアDNAを取り出し、分析することに成功した、という論文が発表されました。『ジュラシック・パーク』で描かれていることがついに現実になるかもしれない。この論文が出た時には一瞬誰もが驚喜しましたが、すぐに信憑性《しんぴょうせい》を疑う議論が巻き起こりました。そして他の研究者たちによる検証がなされ、あっという間にこの論文の大きな間違いが明らかになりました。

恐竜の骨から得られたミトコンドリアDNAの配列として発表されたものを、他の研究者が哺乳類など現生の生物のミトコンドリアDNA配列と一緒に系統樹を作成したところ、ヒトが同じ枝に位置するという結果を得ました。つまり、恐竜とヒトは遺伝的に親戚という結論が出されてしまったのです。これは、研究グループの誰かのDNAが分析の途中でコンタミネーションしたことを意味します。『サイエンス』誌は、その間違った結果を堂々と掲載してしまったのです。

どうしてこんな間違った結果が簡単に『サイエンス』誌に載ってしまったのか詳細は分かりませんが、少なくともこの論文を発表した研究グループでは、こうしたさまざまな生物種を含めた系統樹を作成して自分たちの結果を確認するということをしていなかったし、この論文の査読者はそれを指摘しなかったということだと思います。このような初歩的なミスが起こったということは、おそらく論文の著者たちだけでなく査読者も、この分野の素人だったとしか考えられません。

さらに、もう1つの落とし穴は、このコンタミネーションしたヒトのミトコンドリアDNAの配列が、ただのミトコンドリアDNA配列ではなかったことです。ミトコンドリアDNAは、まれに細胞核に格納されているゲノムDNAに挿入されたり上書きされる現象があることが知られています。こうした核DNAに潜り込んだミトコンドリアDNAは、通常のミトコンドリアDNAより進化速度が遅いため、時間が経つとミトコンドリアDNAの配列とは異なる配列になります。

どうやらこの論文を発表した研究グループは、偶然にも核DNAに潜り込んだミトコンドリアDNAをPCR法で増幅してしまい、現代人のミトコンドリアDNAとは配列が異なることから、それがコンタミネーションと気づかず、『サイエンス』誌に発表してしまったようです。この詳細を指摘したのも前出のペーボたちの研究グループでした。『サイエンス』誌としてもとんだスキャンダルですが、これは実際に起こってしまった話です。

先ほどから述べているように、古い生物の遺物の中のDNAは断片化しています。生物の死後、自分自身の細胞の中のDNA分解酵素による効果のほか、地中に埋まって自然環境によるダメージを受け、雨水などに遺物が晒《さら》されて分子数が著しく減少しています。

PCR法では原理的に、断片化してDNAの長さが短くなったものでも、そのサイズに合わせてプライマーを設計すれば分析できるし、分子数が少なくなったものでも、たとえ1分子しかなくても、増幅することができます。しかし、分析対象としている古いDNAのほかに、実験している人のDNA（つまり現代のDNA）が混じってしまった場合、酵素はそれらを区別することができないため、数の多い現代のDNAの方を増やしてしまいます（図32）。

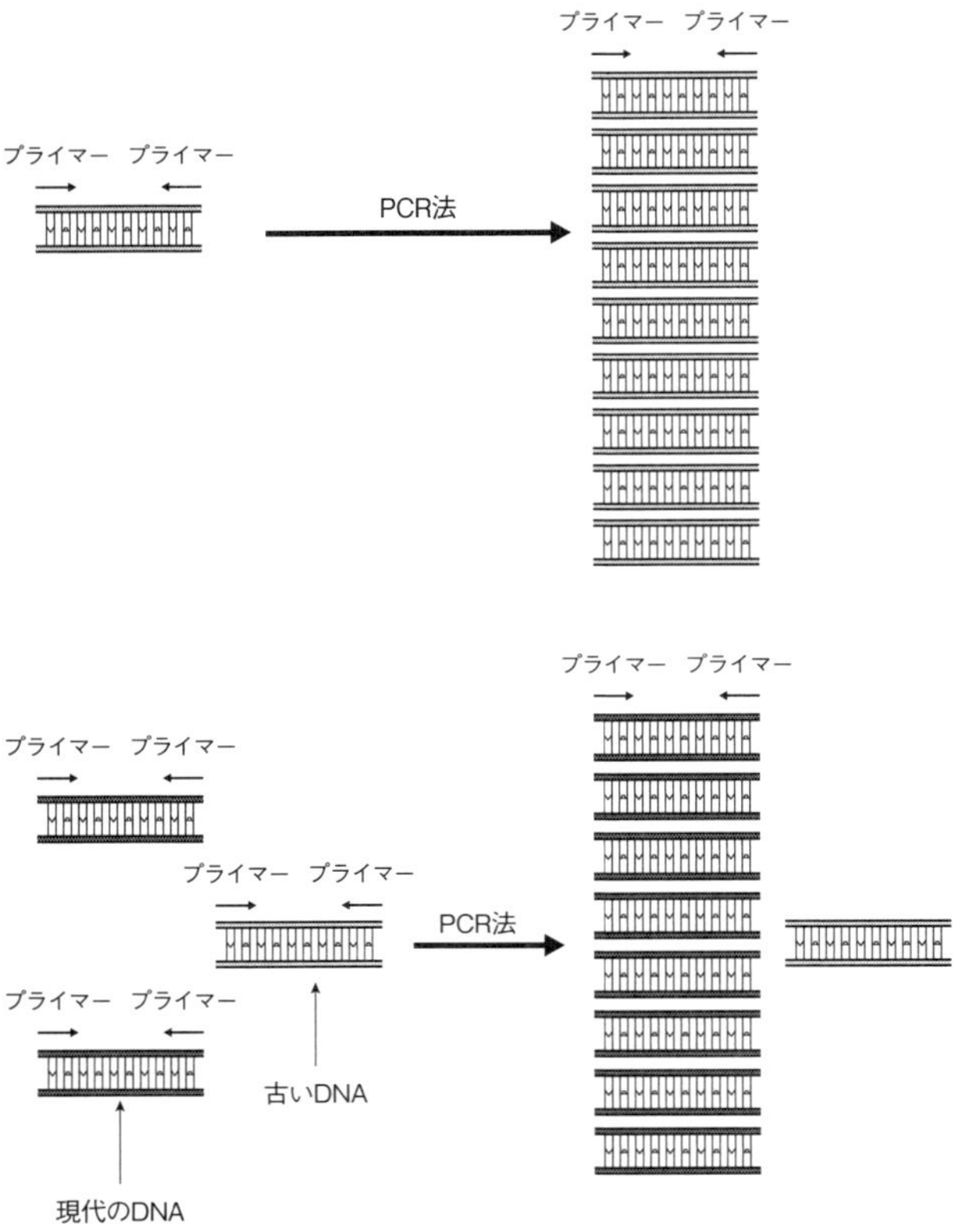

図32：PCR 法（上）とコンタミネーションが起こった場合（下）

ヒトのDNAは汗や唾液、フケなどにも含まれているし、目に見えないDNA断片は空気中にも舞っているので、こうした分析をする場合は、相当なケアが必要です。

1994年に『サイエンス』誌に掲載された白亜紀の恐竜のDNA分析では、実験者のDNAが混入し、しかも、細胞質のミトコンドリアに含まれるミトコンドリアDNAではなく、過去に細胞核内のゲノムDNAに挿入されたミトコンドリアDNAを間違って増やしてしまった、というミスが重なっての誤った発表でした。実験した人は自分（か、あるいは同僚や共同研究者）のDNAとは気づかずに発表してしまったのでしょう。古いDNAを分析する場合は、コンタミネーションには十分気を付けねばなりませんし、コンタミネーションか本物かを区別するテストを実験の過程で繰り返す慎重さが必要です。

2　日本人の古代DNA分析

†日本列島の人類史

古代DNA分析が欧米で盛んになり始めていたころ私は大学院生で、弥生時代のヒトの骨からDNAを抽出し分析していました。後にその成果をもとに論文を書き博士号を取得しました。

古代DNA分析で博士号をとったのは、日本ではたぶん私が最初です。

ここで日本列島の人類史について、前章でも触れましたが、再度簡単に述べたいと思います。日本列島に限らず人類史では、先史（Prehistory）時代と歴史（History）時代という区別をします。両者の違いは、基本的に文字記録の有無です。文字記録が存在しない時代が先史時代。文字記録が登場して以降が歴史時代です。

日本列島の人類史では、旧石器時代、縄文時代、弥生時代、そして古墳時代までが先史時代にあたります。一般に古墳時代は7世紀頃まで続いたとされていますが、5世紀頃に中国から文字が伝来したことを考えるとそれ以降は歴史時代ということになります。

日本列島の先史時代と言った場合、日本において文字記録がない時代を指しているので、たとえば弥生時代は日本列島では先史時代ですが、中国ではすでに文字が存在していたため、当然のことながら文字による記録が残っており、歴史時代になります。

縄文時代は非常に長い時代区分として定義されています。最近の研究では縄文時代のスタートは約1万6000年前くらいにまで遡り、約3000年前まで続いたと考えられていることは既に述べた通りです。いずれにしても、その後の日本の歴史時代に比べて、縄文時代が圧倒的に長い時代区分だと言えます。

†縄文時代と弥生時代

もともとは縄文時代、弥生時代のいずれも土器の様式から区分された文化から定義されてきました。縄文時代は従来一元的に捉えられていましたが、実はその土器様式を含む文化にも地域によって、また時代によってかなり多様性があることが分かってきています。

考古学者で私の共同研究者である山田康弘（国立歴史民俗博物館・教授）による『つくられた縄文時代――日本文化の原像を探る』（参考文献38）には、次のようなことが書かれています。第二次世界大戦以前に使われていた石器時代という呼称に代わり、縄文時代という言葉・概念が登場したのは戦後のことで、この概念は弥生時代とともに発展段階的な視点に立った新しい日本史を記述するために用意された。つまり、国策として縄文時代という概念を登場させたのではないか。今では、そのような議論さえ出てきています。

でも、ここではひとまず、従来通り縄文時代という時代を想定して話をします。この縄文時代以前の時代を旧石器時代と言います。前章でもお話ししたように沖縄からは旧石器時代のヒトの骨が出てきていますが、本土からは、石器など遺物は出土するものの、人骨は確実なものが出てきていません。私たちは現時点において、旧石器時代の琉球諸島のヒトと現在の日本列島のヒトとの間には直接的な遺伝的つながり（つまり祖先‐子孫の関係）は存在しないと考えています。

弥生時代は縄文時代に比べて非常に短い時代区分として定義されています。かつて弥生時代はおよそ2500〜2000年前までのせいぜい500年くらいしか続かなかったと考えられていましたが、最近の研究によりこの時代区分も少し変更されつつあります。弥生土器に付着していた炭化したコメの年代測定をしたところ、3000年前という数値が出てきたため、弥生時代は年代的にもう少し古いのではないかという考えが一般的になりつつあります。これについては、片山一道著『骨が語る日本人の歴史』（参考文献9）にも詳しく書かれています。

前章で述べたこととやや重複しますが、図33を見ながら日本人の二重構造説をもう一度見てみたいと思います。二重構造説では、弥生時代以前は、次のように考えられています。

まず、原アジア人（旧石器時代人）が東南アジアで誕生した。かつて日本列島はユーラシア大陸と地続きであったため、原アジア人の一部が日本列島に到達して定住した。また原アジア人の別の集団が北東アジアへ拡散し、そこで寒冷適応を受け、それ以前とは異なる形態の人々が誕生した。そして2千数百年前、北東アジアで寒冷適応した人たち（北東アジア人）が朝鮮半島を経由して北部九州あたりに入ってきた。この北東アジア出身で北部九州に入ってきた人々を渡来系弥生人と言い、本土日本では、もともと住んでいた縄文時代人と渡来系弥生人が混血したけれど、琉球諸島や北海道への拡散は限定的であったため、あまり混血が進まなかっ

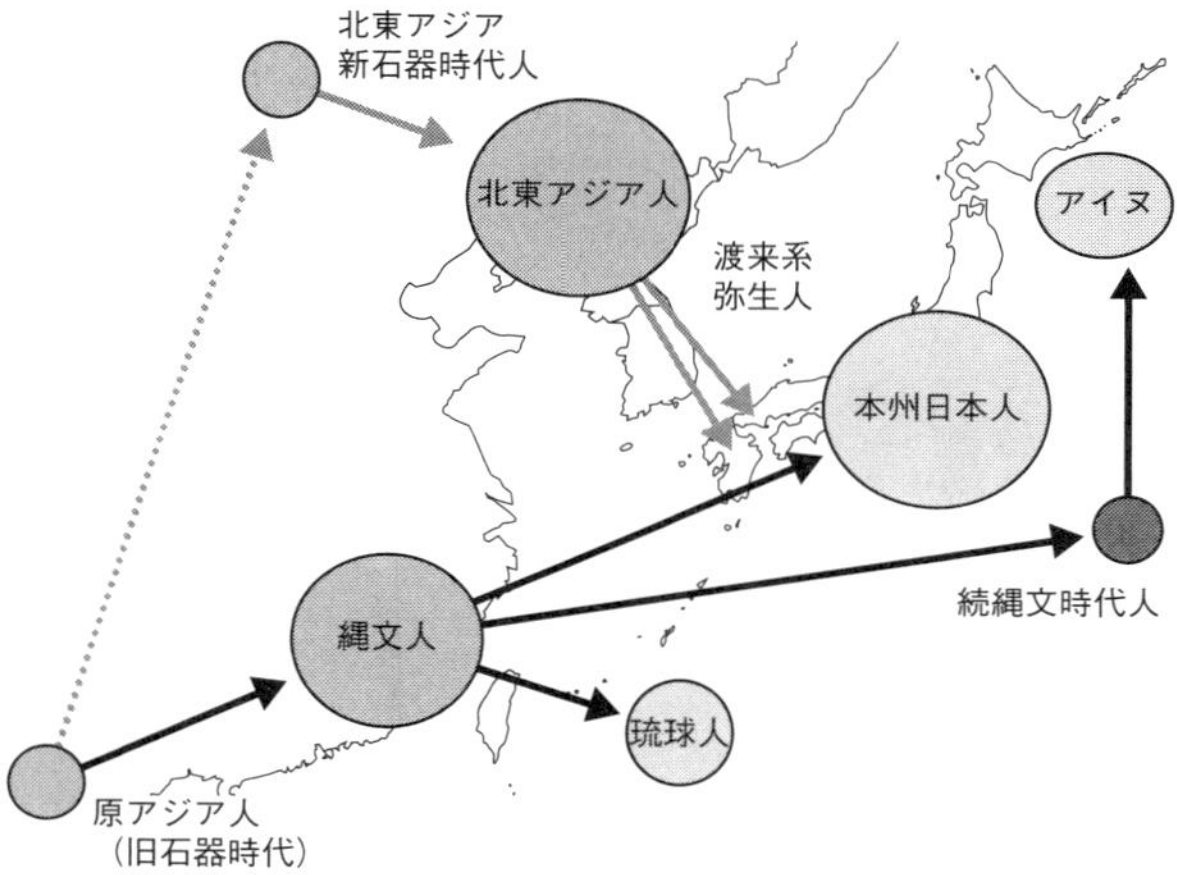

図33：日本人の二重構造説

た。縄文時代と弥生時代では遺跡から出土する人骨の顔面頭蓋骨の形状から推定される顔立ちも異なる。そしてその後の古墳時代には、両者の特徴が混ざり合った顔立ちとなる。

以上が二重構造説のざっくりとした内容です。

弥生時代渡来民の遺跡

渡来民が大量に入ってきた地域として佐賀県・吉野《よしの》ヶ里《がり》とその周辺が考えられています。渡来民の第1世代が実際にここを訪れたかどうかは定かではありませんが、少なくとも吉野ヶ里周辺では大規模な集落が形成された痕跡が残っています。吉野ヶ里遺跡として有名ですが、ここは現在、吉野ヶ里歴史公園という名称で、一部を国が管理する公園となっています。

吉野ヶ里およびその周辺の弥生時代の遺跡からは、甕棺墓《かめかんぼ》という形式の棺《ひつぎ》が大量に出土します。人の死後、遺体を埋葬する際に甕の形状をした棺を用いていたのです。甕棺は素焼きの甕で、高さは2メートルほどです。こんな大きな甕を作るには、相当の技術が必要だったことでしょう。

不思議なことに、甕棺墓が群れをなして出てくるのは弥生時代でも吉野ヶ里とその周辺が圧倒的に多いのです。しかも極めて短い時期に限定的に出土します。同じ弥生時代でも北部九州以外の地域の遺跡では甕棺は珍しく、それ以降の年代の遺跡では、この大きさでこの形態の甕棺はほとんど見られないそうです。甕棺墓には、大陸と関係が深いと考えられる装飾品が一緒に埋葬されていることが多いため、甕棺墓に埋葬された人たちは大陸との関係が強かったのではないかと想像させられます。

私が大学院生の時に最初にDNA分析をしたのが、まさにこうした甕棺墓から出土した人骨でした。吉野ヶ里遺跡から遠くない場所に位置する佐賀県の託田西分貝塚《たくたにしぶんかいづか》遺跡という弥生時代遺跡から発掘された人骨が研究対象でした。

この遺跡では甕棺に埋葬された人骨が発掘される一方で、地面に直接埋葬された人骨も出土していました。地面に直接埋葬する様式を土壙墓《どこうぼ》といいます。縄文時代は土壙墓が普通でしたが、弥生時代になると甕棺が登場しました。土壙墓の方が古く、甕棺墓の方が新しいと考えられます。

しかし託田西分貝塚遺跡では、それらの2つの様式が併存していました。もしかすると、縄文人（土着民）と弥生人（渡来民あるいはその子孫）が同じ場所に住んでいたのかもしれない。そういう想像が掻き立てられる遺跡でした。

†甕棺墓と土壙墓が併存する遺跡の調査結果は……

私はこの遺跡からサンプルを得て分析を始めました。今でこそ古代DNA分析の手法は一般化していますが、当時私の指導教官だった植田信太郎（東京大学大学院理学系研究科・生物科学専攻・教授）からこのテーマをもらったのは1991年のことで、古代DNA分析に関する論文は、まだぱらぱらと発表されていた程度でした。手法としてまだ確立されておらず、そもそも古い骨に本当にDNAが残存しているのかどうかも確証が持てない時代でした。

始めの半年間くらいは全く結果が出ませんでした。でも、提供されたサンプルに無心に取り組んでいるうちに、徐々にDNAが採取できていることが確認できるようになってきました。結果的には26人の弥生時代人のミトコンドリアDNA増幅に成功し、その配列を決定することができました。実際は、その2倍くらい（つまり50人以上）の骨からDNA抽出を行い、全てについて2つのプライマーセットを用いて、ミトコンドリアDNAのDループ領域の短い断片のPCR増幅を試みた上での成果でした。

ミトコンドリアDNA配列の分析は、まずケンブリッジ・リファレンス・シークエンス（CRS）という標準配列との比較から始めます。イギリスのケンブリッジ大学で決定された標準配列と、託田西分貝塚遺跡から出土した人骨の配列とを並べて文字が違っている箇所を調べるのです。たとえばCRSでは配列のポジション番号が243番の文字がAであるのに対して、043という試料番号のついた個体では、243番の文字はGになっています。その配列のポジション番号とともに、A→Gであることを記録します。

第3章で、DNAの塩基配列から系統ネットワークを描く方法について説明しましたが、同じ要領で、託田西分貝塚遺跡出土人骨の系統ネットワークを描きました（図34）。

図中の丸はDNAの配列に相当し、丸の大きさは個体数を示します。分かりやすいように、一番大きい丸を「最多配列グループ」と呼びます。この最多配列グループはCRSでポジション243番がAであった配列の集まりです。

たとえば最多配列グループとその右斜め上に位置する017という試料番号のついた個体の配列を比較すると、194番目の配列で前者はC、後者はTとなっています。これを含む5つのポジション（191、194、199、202、207番）の文字が異なっていることが、最

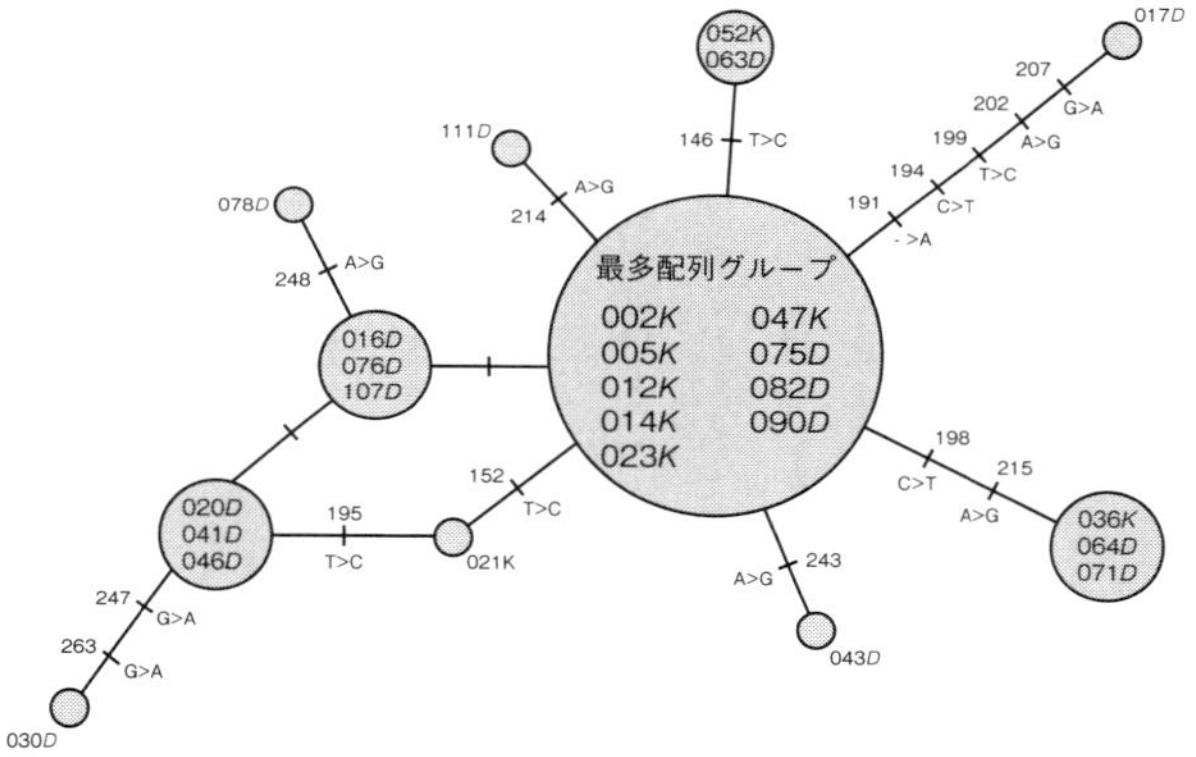

図34：託田西分貝塚遺跡出土人骨の DNA 分析をもとに描いた系統ネットワーク

多配列グループとこの右斜め上の配列とのミトコンドリアＤＮＡに基づく遺伝的な位置関係により表されます。

私が分析した26個体の中には甕棺に埋葬されていた人、土壙墓に埋葬されていた人の両方がいました。１つの甕棺には１個体が埋葬されていました。試料番号の右に*K*が付いている個体は甕棺に埋葬されていた人、*D*が付いている個体は土壙墓に埋葬されていた人です。

こうして見ると、甕棺に埋葬されていた人は少数の例外（０２１、０３６、０５２）を除いて全て最多配列グループに属することが分かります。一方で土壙墓に埋葬されていた人は、最多配列グループとは異なる配列を持っている方が多く、特定の配列に集中することなく分散していることが分かります。この甕棺と土壙墓の間で観察された違いは統計学的に有意でした。

†古代DNA分析から見えてきた埋葬パターン

この違いは何を意味しているのでしょうか。私たちは次の2つの可能性を考えました。

1つ目の可能性として、この遺跡で2つの埋葬様式が同じ時代に同時に存在したものであったならば、同時代に1つの遺跡に住んでいた人の中で甕棺に埋葬されていた人たちは、女性の系統を考慮してそうされた可能性です。つまり、「同じ母系由来の人は甕棺に埋葬する」というルールが存在したのではないかという可能性です。

2つ目の可能性として、この遺跡で2つの埋葬様式が作られた時期にズレがあるとしたら、土壙墓に埋葬された人と甕棺に埋葬された人は、それぞれ異なる遺伝的背景を持つ集団の出身者であったのではないかという可能性です。

その後の考古学的調査の結果、埋葬状況から後者の「2つの埋葬様式の時期は異なっていた」と考える方が妥当なようです。いずれの場合でも、想像をたくましくすると、大陸からやってきた一族は甕棺に埋葬され、土着の人々は地面の土に直接埋葬されていた、そういう集落であったのかもしれません。そうであれば、図34のミトコンドリアDNAで描かれた系統ネットワークのようなパターンになったとしても不思議はありません。

†弥生人の故郷を追って大陸へ

託田西分貝塚遺跡の弥生時代の人々のDNA分析に続いて、「弥生人の原郷を探ろう」と植田信太郎が考えたのは中国の山東半島の人類集団の調査を行うことでした。

調査チームは春秋戦国時代に山東半島辺りを中心として栄えた国、斉の首都であった臨淄《りんし》で、大量の人骨が発掘され、保管されているという情報を得ていました。当時（1990年代中頃）の臨淄はまだ田舎でした。そんな田舎に、大規模な工場が建設されることになって、工場で働く人々の住宅地（団地）が建設されたようです。その建設工事の際に地面を掘ると大量の人骨が出てきたというのです。

調査チームはデンタルスケーラーや抜歯鉗子《かんし》（歯科医師が使う道具）を手に臨淄に向かいました。私も大量の糸鋸《いとのこぎり》をスーツケースに詰め飛行機に乗りこみました。

臨淄に到着し乙烯《おつき》生活区遺跡の工作所と呼ばれるいわゆる資料館を訪れると、おびただしい数の人骨が並んでおり、圧倒されました。そこに並んでいた骨は、この乙烯生活区の建設現場の地面を掘って出てきた2000〜3000年前の人骨でした。生活区とは住宅地とか団地という意味だそうです。

骨を丸ごと持って帰るわけにはいかないため、糸鋸で切ってコンパクトにし、歯は主に第三大臼歯（親知らず）を抜きました。現在は、中国から古人骨など研究のための標本を持ち出すことは厳しく禁じられていますが、当時はまだ可能でした。もちろん調査チームは中国政府から特別な許可を得ていました。その許可書を空港で提示すると兵士が最敬礼するのです。日本ではまず見ることができない光景でした。

結局私たちは乙烯生活区遺跡から出土した古人骨を約200個体分リュックサックに入れ、日本に持ち帰りました。そして東京に戻った私はそれらの標本からDNAを抽出し、ミトコンドリアDNAの配列を分析しました。

データ解析に取り掛かるにあたり、まず東アジア・環太平洋全域の現代人のミトコンドリアDNAの配列について、当時公のデータベースに登録されたり論文として報告されていたものをかき集めました。結局、2215配列集まりました。この中には現代の日本列島に住む人々も含まれています。これらを使って東アジア・環太平洋全域の人々のミトコンドリアDNA配列と、託田西分貝塚遺跡の弥生人と、約2000年前（漢王朝時代、紀元前206～紀元後220年）の臨淄の人骨のDNAとを比較しました。

ミトコンドリアDNA配列をもとに系統ネットワークを作成し、そのネットワークに現れた6つの星状クラスター（Star-like cluster）をグループⅠ、Ⅱ、Ⅲ、Ⅳ、Ⅴ、Ⅵとし、それぞれのグループに含まれる個体数を地域集団ごとに調べました（図35）。そうすると本州に住む現

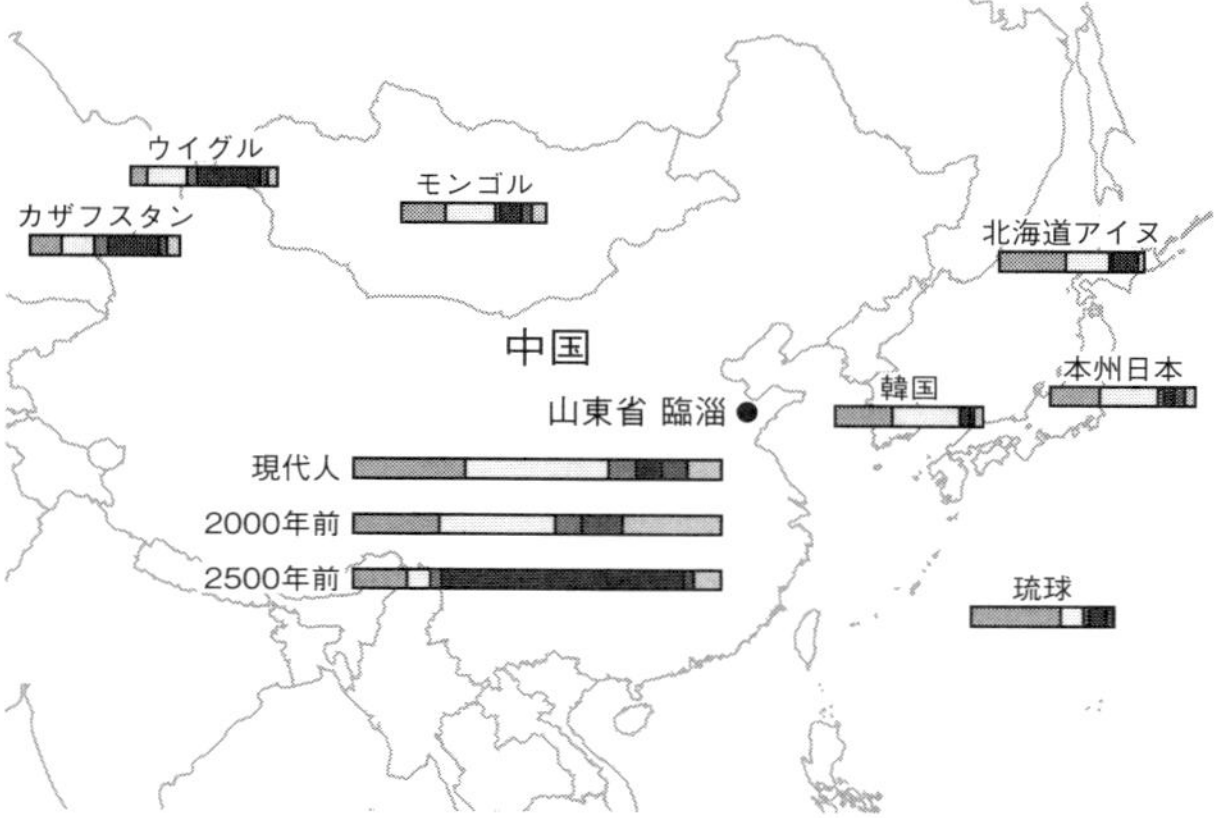

＊帯グラフは左の部分から右の部分へ、順にグループI〜VIを表している

図35：東アジア各地域のミトコンドリアDNA配列グループについての頻度構成

代日本人62人ではグループⅠ、Ⅱが多く、その他のタイプを持つ人はあまりいませんでした。韓国人と日本人の各グループに含まれる人の頻度分布は非常によく似ていました。北海道アイヌの人々でもグループⅠとグループⅡが多いのですが、日本人、韓国人ではあまり見られないグループⅣに含まれる人がいました。内陸のウイグル、カザフスタンなどはグループⅣが多いなど、地域によってそれぞれ異なるパターンを示しました。

この現代の東アジア・環太平洋の人々の頻度パターンと山東省の臨淄・乙烯生活区遺跡の23個体の頻度分布はグループⅠ・Ⅱが多いという点では現代の日本人とよく似ていますが、現代の日本ではほとんどいないグループⅥを持つ個体もありました。こうしたミトコンドリアDNAの配列グループの頻度パターンは託田西分貝塚遺跡の弥生時代人とあまり似ていませんでした。1つの遺跡を調査したぐらいでは何とも言えませんが、私たちが調べた佐賀県の弥生時代の遺跡から出土した人骨群と、ほぼ同時代の中国・山東半島の人骨群のミトコンドリアDNAの頻度パターンは、似ていなかったということです。

†タテの調査からヨコの調査へ

山東省の古人骨と弥生時代人との共通点はそう簡単には見つかりませんでした。その後、当時植田研究室の同僚だった王瀝《ワンリー》（現・杭州師範大学・教授）が中心となって、臨淄で発掘された2500年前（春秋時代、紀元前770〜紀元後403）の人骨からDNAを採取して、私が分析した2000年前の骨から得られたDNAと、現代の臨淄に住む漢民族の人々の採血から抽出したDNAとを比較しました。つまり同じ場所に過去から現在までに住んでいた異なる時代の人々のDNAを比較したのです。するとミトコンドリアDNAの配列の頻度パターンは、2500年前と2000年前では極端に異なっていました（図35）。たった500年の間に頻度分布が大きく変化していたのです。現代の同地域の人々とは、2500年前の人々より2000年前の人々の方がより近い頻度パターンを示しましたが、それでも同じではありませんでした。
遺伝子頻度の変動はもちろんドリフト（遺伝的浮動）の効果が主たる要因と考えられますが、臨淄のような、当時としても大規模な都市だった場所の場合、人の移動、つまり都市部への流入出がドリフトの効果を上回っていた可能性が考えられます。春秋戦国時代は戦乱の世の中でしたから、戦火を逃れた人々が大規模に移動していたことでしょう。なので、これは当然の結果なのかもしれません。

ここではミトコンドリアDNAだけ、つまり女性の系統のみを見ているわけですが、わずか500年間で非常にドラスティックな変化が見られた理由として、私たちは当時のこの地域の社会状況が大きく関係したと考えています。同じ場所でも時代によってそこに住んでいる人たちの遺伝的背景は異なります。同じ場所から出土した異なる時代の人骨のDNAを分析することによって、地域の集団の遺伝的な特徴が重層的に分かったわけです。

弥生時代に日本列島へ渡来した人々が、どこから来た人々だったのか？　臨淄から出土した人骨のDNA分析からは明確な答えは得られず、いまでも謎のままです。その原郷を辿ることは容易ではありませんが、古代DNA分析から、時空間的な遺伝子頻度の変動を実データとして観察できたのは、これからの研究方法を考える上で重要な鍵を握っていると考えています。

3　東アジアのY染色体分析から見えてきたもの

現在の漢民族のDNA分析との比較

前章で述べたように、東アジア大陸に現在住んでいる人々のミトコンドリアDNAを集めてきて、集団間で遺伝距離を計算すると、地理的距離と遺伝距離との間に相関関係が観察されます（図31a参照）。しかし臨淄で見つかった約2500年前の骨、約2000年前の骨、そして現在の漢民族の人々のDNAを比較すると、時代によってそれぞれの配列タイプの頻度分布は異なっていました。

私たちは当時の歴史的状況が大きく影響して非常に短い期間でドラスティックに人が入れ替わっていたと推定される実データを得たわけですが、そうすると「地理的距離と遺伝距離との間の相関関係」とは矛盾するように見えます。なぜなら、この相関は長い時間をかけて形成されてきたと想像されるので、地域ごとの遺伝子頻度が短い時間で頻繁に変化していたのでは、地理的距離と遺伝距離との間の相関関係は形成されにくいと考えられるからです。

でも、個々の地域集団にフォーカスした場合と東アジア全体で考えた場合の人類集団では次元が異なるし、また500年単位での変動と4万年前から現在までの大まかな特徴では、やはりスケールが異なる話です。

つまり、実際の人の活動はそれほど単純なものではなかったけれど、長い時間的スパン、広大な地理的広がりで見れば、女性の系統では地理的距離と遺伝距離の間に相関関係が見られるということでしょう。

†地理的距離と遺伝距離の相関を、歴史的に考える

東アジア大陸に現在住んでいる人々の男性の系統（Y染色体）の集団間遺伝距離を見ると、女性の系統（ミトコンドリアDNA）のほぼ2倍になっていました（図31b参照）。私たちは、東アジアでは父系社会の影響がヨーロッパよりもさらに強かったからだろう、と解釈しました。

科学の世界では論文を出すと、世界中からさまざまな批判・反論があります。私たちがこの論文を出してからほどなく、アメリカのアリゾナ大学のマイケル・ハマーのグループが「世界的な規模におけるミトコンドリアDNAとY染色体のパターンの違いは、女性の系統の男性の系統に対する移住率の高さには影響されていない」というタイトルの論文を2004年に『ネイチャー・ジェネティックス』（Nature Genetics）誌に発表しました。

彼らは私たちの論文を引用しながら、次のように述べています。「太田らが見つけた、婚姻

システムが遺伝子頻度のパターンに影響を与える現象は、ローカルな集団では間違ってはいないだろう。しかし世界規模の女性系統、男性系統の遺伝子頻度パターンにも婚姻システムが関係しているとは考えにくい。そもそも世界規模で見ると、一方の性に偏った移住（sex-biased migration）は必ずしも観察されないし、女性の方が男性よりも移住率（migration rate）が高いとは言えない」。彼らはそう論文の中で主張しました。

確かにそうかもしれません。でも、「じゃあ、私たちが東アジアの人類集団で観察したミトコンドリアＤＮＡとＹ染色体のパターンの違いは何だったんだろう」という疑問は解けないままでした。私たちは、このマイケル・ハマーたちの批判論文に対して、反論する論文は出しませんでした。一方、さらに別のグループが、東アジアの女性系統、男性系統の遺伝子頻度パターンについて、まったく別の解釈を提示しました。

†チンギス・ハンのＤＮＡとは

イギリスのオックスフォード大学のクリス・テイラースミスらの研究グループが「モンゴル人の遺伝的遺産」というタイトルの論文を２００３年にアメリカ人類遺伝学会が持っている専門誌に発表しました。マイケル・ハマーらと同じように、東アジア大陸に現存するＹ染色体について、私たちを名指しこそしなかったものの、私たちとは異なる解釈が提示されたのです。

私たちは、東アジアの人類集団におけるY染色体に基づく遺伝距離がミトコンドリアDNAの約2倍である要因として、東アジアではヨーロッパよりもいっそう強力な父系社会であることが影響していたと考えました。ドリフトの効果よりもはるかに上回る女性の移住率の高さが存在したのだと。

ところがクリス・テイラースミスらは、東アジアのY染色体の頻度分布にはチンギス・ハンの影響がある、と主張したのです。この主張はやや唐突ですが、つまりチンギス・ハンのY染色体が東アジア大陸に広まったことが、現在の東アジアのY染色体の頻度分布について直接の原因であるとしたのです。

クリス・テイラースミスらは東アジアの各集団のY染色体を分析し、系統ネットワークを描きました（図36）。この図は本書ではモノクロで掲載しますが、カラーにするとジョアン・ミロが描いたシュールレアリズム絵画のように見えます（興味のある方はぜひ原著論文にあたってみてください）。これは、れっきとした系統ネットワークです。科学的データをもとに描いた図です。それぞれの丸はY染色体のタイプを示し、その一つ一つの丸は複数の色で構成された円グラフになっていて、アジアの地域集団・民族集団の頻度をもとに色分けされています。そして、ある特定の配列を表す丸が非常に多くの色を含む円グラフになっていて、そこからほかの配列では見られないような、多くの枝を出しています。

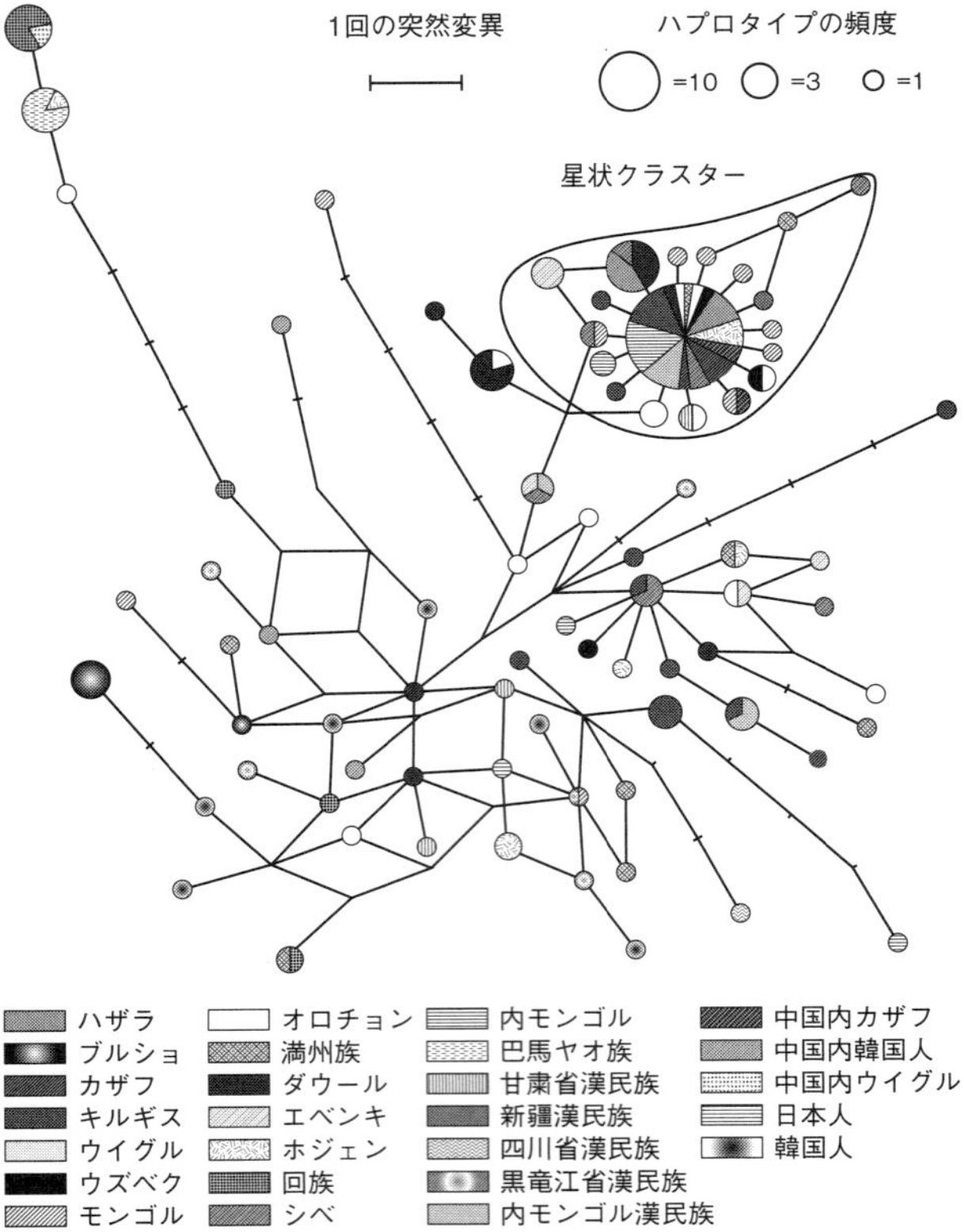

図36：クリス・テイラースミスらによる、東アジアの各集団のＹ染色体を分析して描いた系統ネットワーク

†Y染色体だけに見られる星状クラスター

臨淄の古人骨DNA分析のところでも出てきましたが、こうしたクラスターを星状クラスター(Star-like cluster)と呼びます。特定のタイプが増加して、それらの中で生まれた突然変異が生き残った場合にこのような星状になります。その生物学的意味は、ケース・バイ・ケースですが、着目している遺伝子座における自然選択が考えにくい場合、つまり中立である場合、過去のある時点における人口の急増を示していると解釈されます。

第4章でお話ししたように、1つの配列に変異が生じた場合、突然変異は常にマイノリティーですから、遺伝的浮動の結果消えてなくなることが多いのですが、集団サイズ(つまり人口)が急増する時には、全体の人数が多くなっているわけですから、生き残る変異の数も増加します。そうして生き残った突然変異を含む配列がさらに子孫へ受け継がれる確率は、人口増加が起こっていると高くなります。そのため人口増加が起こっている、もしくは比較的最近人口増加が起こった集団では、ネットワークを描くと、星が瞬《またた》いているような、あるいは花火が夜空で開花して広がっているような形状になります。こういうネットワークの形状を星状クラスターと呼ぶのです。

クリス・テイラー=スミスらの論文で示されたY染色体の系統ネットワークでは、小さな星状クラスターらしきものが1〜2個見られますが、なんといっても右上方にある一番大きな丸、非常に頻度の高いY染色体のタイプが持つ星状クラスターが圧倒的です。

この図から解釈される「急速な人口増加」は何を意味しているのでしょうか。

この一番大きな丸に相当するY染色体のタイプが急激に頻度を増し、その子孫もたくさん生まれた、しかも、その子孫たちが東アジアのさまざまな地域にさらに子孫を残して現在に至っている、ということです。

このY染色体のタイプは全世界の男性のおよそ0・5パーセントを占め、多くの子孫を残しています。0・5パーセントと言うと少ないように思われるかもしれませんが、Y染色体のタイプは血縁関係のない男性同士では基本的に異なるタイプを持っていると考えられますから、その中で0・5パーセントがこの星状クラスターに集中しているのは極めて高頻度と言えます。

特定のタイプが極端に高い頻度を示すという現象は、私たちが東アジア大陸で調べたミトコンドリアDNAでは観察されなかったことなので、これはY染色体すなわち男性の系統だけに観察された現象と言えます。一番シンプルな解釈は、このY染色体の系統は、生殖的にかなり成功した男性の系統ということになります。このY染色体の系統を持つ男性が非常に多くの子孫を残し、なおかつユーラシア大陸の東半分以上に拡散したということです。

†生殖的に大成功を収めた系統

クリス・テイラースミスらが、このY染色体のタイプの共通祖先に遡る時間を計算したところ、このタイプが生まれたのは1000～2000年ほど前という推定値が出ました。*12 1000年前と2000年前では、歴史学的な時間感覚からするとアバウトすぎる印象があると思いますが、集団遺伝学的に見れば推定値がこれくらいアバウトになるのは致し方ないことで、とにかく1万年前とかではなく、比較的最近のことと見なしてよいということになります。

のちにチンギス・ハンとなるテムジンは12世紀半ばに誕生したとされています。クリス・テイラースミスらが論文で算出した「1000～2000年ほど前のY染色体の共通祖先」がテムジンであったとしてもおかしくありません。

---

*12 エピローグで紹介するエストニアのグループが中心になって2016年に東アジア人類集団のY染色体の再調査が「アメリカ人類遺伝学雑誌」(American Journal of Human Genetics) に発表されました。精度の高い塩基配列決定により、詳細なハプログループの再解析が行われた結果、このチンギス・ハンのY染色体タイプの拡散年代は4000～6000年前と出ました。この結果が正しいとしたら、このY染色体タイプが、仮にチンギス・ハンのものと同じだとしても、その拡散はモンゴル帝国の拡散とは無関係ということになります。

テムジンは一代にしてモンゴルの遊牧民諸部族を統一し、50代で大ハーンに選ばれ、チンギス・ハンを名乗ります。やがてユーラシア大陸の大半を占めるほどの大帝国を築き上げることになります。クリス・テイラースミスらは、チンギス・ハンもしくはその共通のY染色体を持つ男性系統が東ユーラシアで生殖的な大成功を収めた結果が、この図に表れているのだろうと推測しました。

この言い方は分かりにくいかもしれませんが、遺伝学的には生殖的に大成功を収めたのが、チンギス・ハン本人でなくてもよいわけです。テムジンの父とされるイェスゲイが、テムジンの本当の父親であったとしたら、テムジンとイェスゲイは同じY染色体を持っていたはずです。であれば、イェスゲイの何世代か前の男性でもいいし、兄弟でもいいわけです。

テムジンの母親は略奪された女性であると伝えられているので、本当の父親はイェスゲイではなかったかもしれません。歴史的には謎ですが、遺伝学的にはあまり気にしません。テムジンの出自については神話化されたものがあって、蒼《あお》い狼と雌鹿《めすじか》の子孫であるという伝説もあるほどです。そのY染色体は狼のそれではなくヒトのそれでなければなりませんが、とにかくテムジン（チンギス・ハン）と同じY染色体の系統が数を増やし、他のY染色体より圧倒的多数の子孫を残した、というアイディアです。

そのY染色体がチンギス・ハンのものではないかとクリス・テイラースミスらが推測する根

拠は、そのY染色体タイプの頻度分布によります。

アジア全体に拡散した？

ご存じのようにチンギス・ハンの死後、その子孫によってモンゴル帝国はさらに拡大しました。中でもフビライ＝ハンは国号を「元」と改め中国を統一しました。彼は日本へも侵攻し、日本史としては元寇《げんこう》として知られています。チンギス・ハンの一族は、ユーラシア大陸の各地に国家を建設し、モンゴル帝国は元と四ハン国（オゴタイ＝ハン国、チャガタイ＝ハン国、キプチャク＝ハン国、イル＝ハン国）に分裂します。

クリス・テイラースミスらは、こうしたモンゴル帝国が支配していた地域と、その周辺の地域約50カ所でチンギス・ハンのY染色体と推定したY染色体タイプの頻度を調べました。その結果、モンゴル帝国の支配地域ではこのY染色体が見つかるのに、そうでない地域、たとえば日本列島とか中国大陸の南の地域では見つかりませんでした。そして、現在のモンゴル人民共和国と中華人民共和国の内モンゴルでは25パーセントほどの高い頻度で見つかったのです。

それぞれのハン国で、チンギス・ハンと同じY染色体を持つ系統が支配者となり、この一族のY染色体がほかの一族を圧倒して多くの子孫を残したとしたら、確かにこういうパターンになるでしょう。

日本は二度にわたる元寇で元軍を撃退したためか、日本列島におけるこのY染色体タイプはゼロです。もちろんクリス・テイラースミスらが調べた限りにおいてゼロということで、もっと多くの個体を調べたら日本列島からも星状クラスターに含まれるタイプが見つかるかもしれません。いずれにしてもこうしたヒトの遺伝子頻度分布は、生物学的文脈だけでなく歴史学的文脈で解釈してみると、人の文化や社会に関してこれまでにない視点を与えてくれるという良い見本のようなデータをクリス・テイラースミスらは示したと言えます。

†遺伝子頻度と進化の問題

特定のタイプのY染色体がアジア全体に拡散したという事実は、はたして生物進化の文脈ではどのように考えたらよいのでしょうか。

ページを戻っていただき第4章の図22を見てください。このグラフは、遺伝的浮動による遺伝子頻度の変動を模式的に示しています。縦軸には遺伝子頻度（集団中のアレル頻度）、横軸には時間軸を取ってあります。

重要なので何度も繰り返しになってしまいますが、突然変異はそれが生まれた直後は常にマイノリティーです。突然変異は最初、集団全体の中では〝超レア〟だということは前にもお話ししました。ですから、突然変異が生き残って、運良く子孫へ受け継がれる可能性は非常に低く、一時的に集団内で少し頻度が増えたとしても、全体からするとマイナーなので集団からはすぐにいなくなってしまいます。

ごくたまに偶然によって頻度が増える場合もありますが、多くの場合、遺伝的浮動によって遺伝子頻度は変動します。この状態が進化の理論で言う中立進化のプロセスです。自然界でごくまれに誕生する〝生存にとって有利な変異〟は、やはりマイノリティーなので消えてなくなるケースは少なくないですが、その有利な変異を持つ個体の住む環境にぴったり適応すると集団内で急速に頻度を増し、究極的には固定します（100パーセントになります）。これがダーウィンの唱えた自然選択理論に基づく進化プロセスです。

✝変異の連鎖とヒッチハイキング

時間は流れているので、私たちが調べることができるのは、現在のある時点のみです。たとえば、ある遺伝子のある変異が集団内で70パーセントを占めていたとした場合、その変異は、時間とともに頻度を変動させながら偶然によって70パーセントにまで増加して現在観察されるに至ったのか、それとも自然選択によって急速に頻度が増加し70パーセントに至ったのか、判断することは非常に難しいわけです。

その手がかりとなるのは、着目する変異の周辺の多型です。「周辺の」と言っても、数十や

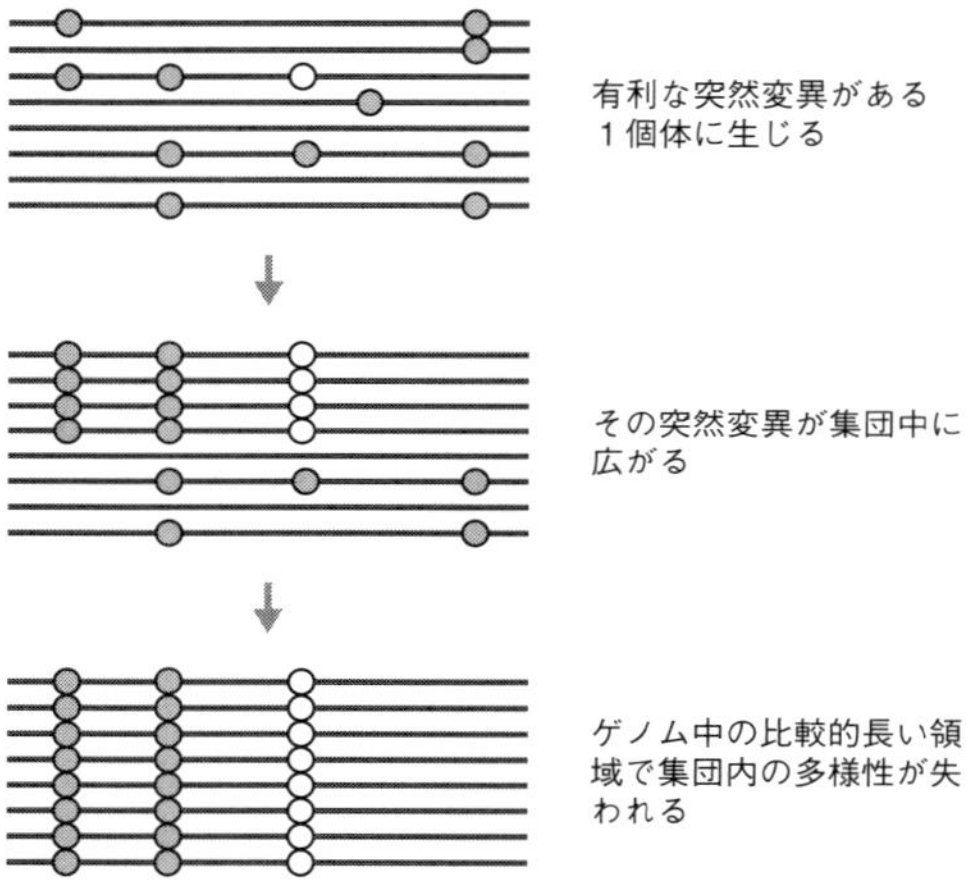

図37：ある集団の染色体上の変異と多型のモデル。有利な突然変異に連鎖している中立変異が広がる

数百文字（塩基）ではなく、数十万とか数百万文字（塩基）あるいはもっと長い領域にわたる周辺です。そういう周辺を調べると手がかりが得られます。

そういう比較的大きなゲノム領域の多型の頻度を、集団を構成する多くの個体で調べることは、従来は困難でしたが、ゲノムの解析技術が発達したことにより、大きなゲノム領域を一度に複数個体で調べることができるようになりました。10年ほど前から、そうしたデータを使って有利な変異とそうでない変異を定量的に区別する研究が行われるようになりました。

図37を見てください。ある集団に属する人たちの染色体を並べています。いずれも多型（灰色の丸）を持っています。これら

の多型はいずれも中立な変異です。

ある時、1個体の1つの染色体に有利な突然変異(白丸)が生じたとします。有利な突然変異は集団内で急速に増加します。すると、集団内でこの有利な突然変異を持つ染色体が増えていきますが、それに便乗して同じ染色体上に載っている中立変異も増えていきます。

同じ染色体上に載っている2つの変異(アレル)が物理的に近くにある場合、一緒に子孫に伝わっていく確率が高くなります。そういう2つのアレルは「連鎖している」と言います。白丸の増加につられて増加した灰色丸は、有利な変異に連鎖している中立な変異ということになります。これら中立変異は、それ自体は中立ですが、有利な変異と連鎖しているおかげで、遺伝的浮動の影響よりも自然選択の影響をより強く受けて増加していきます。

このように中立変異が有利な変異に便乗して増えていく現象を「ヒッチハイキング」と呼んでいますが、結果として有利な変異の頻度だけが頻度を増すのではなく、連鎖している中立変異も頻度を増します。

†選択的一掃とは

もちろん、生殖細胞ができるときに組換えによるシャッフリングが起こり、それにより連鎖は解かれるかもしれません。しかし、集団内における組換えによるシャッフリングよりも速い速度で増えていく場合、有利な変異だけでなく、その変異を含み連鎖が途切れるまでの領域全体が頻度を増します。

さらにもっと長い時間を考えた場合でも、新たに突然変異が誕生しゲノム領域が多様化するよりも速い速度で増えるとすると、ゲノム中のこの有利な変異の周辺の領域は均質化し集団内の多様性が失われることになります。

こうした現象を「選択的一掃」(Selective Sweep)と呼びます。集団遺伝学では、こうした現象が起こることは、理論的にはずっと以前から予言されていましたが、従来は技術的限界からゲノムの一部分しか調べることができず、選択的一掃が起きた痕跡を確認できなかったのです。最近ではゲノム解析の技術が著しく進んでいるためゲノム全体を調べることができるようになり、ゲノム中でこうした均質化が起きている領域を検出することが可能となりました。

逆に、集団のゲノム全体を解析し、ゲノムの特定の領域が均質化しているのを見つけたら、それは有利な突然変異が急速に増加した痕跡であるかもしれません。チャールズ・ダーウィンの唱えた正の自然選択の証拠がゲノム中に観察されるケースです。

そういった選択的一掃を経験した突然変異の一例として、第4章で述べたラクトース分解酵素(ラクテース)の遺伝子が知られています。ゲノムの均質化がこの遺伝子の領域で生じたことから、中立進化ではなく自然選択による進化として説明されています。

東アジアでは、アルコール脱水素酵素の1つADH1Bをコードする遺伝子とその周辺領域（クラスI *ADH* 遺伝子クラスター）に選択的一掃の痕跡が見られました。ADH1Bとは第1章で出てきた *ALDH2* アルデヒド脱水素酵素が働く前に働く酵素です。私を含むイエール大学のケネス・K・キッドのグループが世界中の諸集団で *ADH1B* 遺伝子を含むゲノム領域を調べたところ、東アジアでのみ、その変異を含むタイプが高い頻度を示しました。さらに、この変異の周辺が東アジア人類集団でのみ均質化していました。つまり、東アジアの人々においてのみ、何らかの理由で生存にとって有利に働いた可能性を示しています。何に有利だったかはよく分かっていませんが、東アジア特有の風土病のようなもの、感染症に対する抵抗性を獲得した結果ではないかと想像しています。興味のある方は巻末の参考文献5を参照してください。

4　社会的・文化的・環境的要因も考える

†チンギス・ハン遺伝子の進化論的意義とは

話を元に戻しましょう。ユーラシア大陸の中央部から東半分の広大な地域に広がったY染色体のタイプ、これも選択的一掃のように特定のゲノム領域で特定のタイプが集団中で高頻度になった現象です。

モンゴルである特定のタイプのY染色体が急増したのは、Y染色体の中で選択的一掃が起きたためのように見えます。その特定のY染色体のタイプがチンギス・ハンの系統と深い関係があるとしたら、生物学的に有利な変異であるように見えますが、そうではありません。

第1章でもお話ししたように、Y染色体は遺伝子の砂漠と言われていて、載っている遺伝子の数が非常に少ないのです。目立つ遺伝子としては、精巣を作ることを決定するSRY遺伝子くらいですから、もし生物学的に有利な変異であるとしたら、生物学的に有利に働くようなSRYが作られる変異ということになりますが、そんな変異は想像できません。

チンギス・ハンは権力者として天才的な能力を持っていたのでしょうが、これとY染色体の変異にはおそらく何の関連もありません。つまり、Y染色体に軍事の才能を決定するような遺伝子が載っているわけではないのですから、チンギス・ハンのY染色体が広まったのは生物学的な理由ではないと、ほぼ断言できます。

チンギス・ハン本人でなくてもいいのですが、このアジア全体に広がったY染色体タイプを持つ誰かが、当時きっと英雄だったからでしょう、短期間に多くの子孫を残す機会があったため、あたかも集団内で有利な突然変異が広まったかのようなパターンが見られたと考えるのが自然です。事実アジアでは、男性の系統の方が圧倒的に均質化していて、女性の系統ではそのようなパターンが見られません。

ここでは、非常に残虐な出来事も想定することができます。つまり子孫を増やす一方で、ほかの男性を殺している可能性があるわけです。ほかの部族・国家に攻め込んだ際、男性は全て皆殺しにして女性だけを奪ってくる。そのようなことを繰り返した場合、このようなパターンになる可能性が高くなります。しかしモンゴルの歴史において、そのようなことは行われてはいなかったようです。それどころかイスラム教徒を取り込むなど、周辺諸国に寛大な態度を示しつつ大帝国を築いたと言われています。

遺伝子の側面から観察した場合、ある特定のタイプのY染色体が生殖的に成功した理由は、今なお明らかになっていません。逆に、ここで注目すべきは、前章で見た父系社会、一夫多妻制という婚姻システム、つまり文化的要因です。

私たちは概して、ヒトの能力や性質は遺伝子によって決定づけられていると考えがちですが、じつは文化的要因が遺伝子頻度を決定づけている場合が往々にしてあるのです。現在の社会通念からすれば父系社会、一夫多妻というシステムは推奨されるものではありませんが、過去に文化として存在したこれらのシステムが遺伝子頻度を規定していました。

クリス・テイラースミスらは、Y染色体を調べて見えてきたこの現象を「社会選択」（Social

Selection）と呼びました。自然選択ではなく社会選択。生物学的に有利な遺伝子の存在を仮定するのではなく、社会的に有利な立場に立った系統の特定のゲノム領域が選択的一掃と同じパターンを示す現象です。

この社会選択という概念を導入すると、ヒトに限らず社会性のある生物の場合、社会選択で説明できる現象が他にもありそうです。少なくともヒトやヒトの祖先の進化を考える上で重要な概念になるかもしれません。

†類人猿とヒトの配偶システム

ここで、またしても脱線して類人猿の配偶システムを少し見てみたいと思います。

大型類人猿に数えられる、チンパンジー、ボノボ、ゴリラ、オランウータンを比較すると、オランウータンのメスはいつもシングルマザーです。オスはメスと交尾をするとすぐに姿を消すので、メスは好むと好まざるとにかかわらず、自分だけで子供を育てなければなりません。そのため、ボルネオ島やスマトラ島の森の中で赤ちゃんを抱いているオランウータンは全てメスです。

一方でゴリラの場合、群れの中に非常に強力なオスが存在し、複数のメスを従えています。つまり一夫多妻のシステムを作っています。

ヒトに近いチンパンジーやボノボはそれとは異なる生殖システムを形成しています。彼らは多夫多妻で、一種の乱婚状態を作ります。メスは膨大な回数の交尾をする中で、優秀なオスを選びます。メスは頻繁に交尾しますが、めったに妊娠しません。チンパンジーやボノボのメスは生物学的に妊娠しにくく、複数のオスと交尾を重ねる中で、優秀なオスと子孫を作る生理的なシステムが進化したのではないか。そのように考える研究者もいます。

チンパンジーやボノボとヒトを比較する場合、発情するかどうかが重要なポイントとなります。チンパンジーやボノボには発情期がありますが、ヒトの女性には発情期がなく、その代わりに恒常的な性の受け入れ態勢があります。

チンパンジーやボノボには、偽発情というものがあります。メスの生殖器の周辺を性皮と言いますが、京都大学霊長類研究所・教授の古市剛史《たけし》らの研究チームは、性皮が腫《は》れる期間に着目しています。チンパンジーやボノボのメスは、性皮が腫れている期間が発情期で、オスは性皮が腫れているのに興奮してメスに交尾をしかけます。性皮が腫れている期間のその一部期間が排卵の期間です。つまり、排卵していないけれど性皮が腫れている期間は、偽発情の期間ということになりますが、この間にも多くの交尾をします。この偽発情という生理的システムが、多夫多妻の乱婚状態を作っていると古市は考えています（参考文献35）。

†配偶システムとチンギス・ハン遺伝子との関係

一般的には、ヒトは一夫一婦制であると認識されています。ヒトの進化において、一夫一婦制の確立は非常に重要な要素を占めます。アメリカの人類学者オーウェン・ラブジョイは、プレゼント仮説というのを唱えています。人類の直立二足歩行の起源について、オスが立ち上がったのは、メスにプレゼントを渡すためだと言うのです。なかなか証明のしようがない仮説ですが、一夫一婦制が基本だという考え方、そしてその発展がホモ・サピエンスを特徴づけるとの考えも重要です。

モンゴルで見られるY染色体のパターンは、単純な言葉で表現すると一夫多妻の結果と言えます。もちろん、民族学でいう一夫多妻とは異なり、広義に生物学的な意味においての一夫多妻です。

人類の長い歴史においては、配偶システムについてもさまざまな変遷があります。各地域で、その時々の状況に応じて一夫一婦から一夫多妻へ、一夫多妻から一夫一婦へと切り替わった時期が交互にあったのかもしれません。

また、多夫多妻に切り替わった集団も存在します。名古屋学院大学・教授の今村薫は、長年のフィールド調査から南部アフリカのカラハリ砂漠に住む狩猟採集民族、サン族の多夫多妻制を報告しています。カップル数組が性を共有する「大きなザーク」という仕組みです。彼らは共同生活をし、生まれた子供を全員で育てます。資源が少ない地域で子孫を残していくには、そのような方法が効率的だったのではないかと今村は考察しています（参考文献3）。

自然環境もしくは社会的な状況によっては、人類の一夫一婦制は必ずしも定常的なものではなかったかもしれません。人類の複雑で多様な婚姻システムの1つの結果として、モンゴルで示されたようなY染色体のパターンも考えるべきでしょう。

†ヒトゲノム解読以降

ここで本書の中心的な話題から少し離れて、より一般的なヒトゲノム研究についてお話ししたいと思います。というのも、本書ではミトコンドリアDNAとY染色体を中心に話を進めてきましたが、科学全体の流れとしては、特定の遺伝子座に着目する研究よりも、ゲノム全体を大規模に解析する方が、主流になっているからです。

2003年、ヒトゲノム計画が完了し、全ゲノムの配列が決定されました。

日本はこれ以降、ヒトゲノム研究にあまり力を入れなくなりました（研究費が激減しました）が、アメリカやイギリスではEnd of the beginning（始まりの終わり）と言って、ヒトゲノムが解読されたことを踏まえて、新たな研究に目を向け発展させました。ここで大きく差が開いてしまったため、今の日本は非常にこの分野が弱くなってしまっています。欧米諸国に遅れているのみならず、アジアでも決して先進国とは言えません。

アメリカを中心としてゲノム科学は発展してきました。ヒトゲノム解読の次はヒトゲノムの多様性に関する国際HapMapプロジェクトが進められ2005年にそれも完了しました。そして間髪を入れずパーソナルゲノム（個人のゲノム）の時代に突入しました。

†個人個人のゲノムを読む

ヒトゲノム計画におけるヒトとは誰でもありません。ヒトゲノムを解読する際、アメリカではヒーラというアフリカ系女性の細胞などを材料にゲノムが読まれました。ヒトゲノム計画に参加した世界中のさまざまな研究機関では、それぞれ思い思いのさまざまな人のDNAを解読し、誰か特定の人のゲノムではなく、さまざまな人のゲノムの寄せ集めをもってゲノム解読完了としました。解読完了は、それ自体、科学的意義の大きなものだったといえますが、しかし、それだけでは医学や創薬に結びつけることができないので、次に、個人個人のゲノムを読むという段階に入ったわけです。

個人のゲノムをいち早く解読し発表したのが、DNAの二重らせん構造の発見で有名なジェームズ・ワトソンでした。ワトソンは自らのゲノムを解読し、2008年に『ネイチャー』誌に発表しました。自分自身の病気につながる遺伝子変異をこの論文で一覧表にして公開したため、親族から訴えられています。

そのワトソンよりも少し前（2007年）に自分のゲノムを解読し、それを論文で公開した人物がいました。アメリカの分子生物学者であり実業家であるクレイグ・ヴェンターです。ワトソンとヴェンターのパーソナルゲノム解読。それぞれの研究にかかった時間と費用を比較してみましょう。

2003年に完了したヒトゲノム計画には、どの時点をスタートとするかで違いますが、約13年が費やされ、1ドル100円で単純計算した場合、だいたい1兆2000億円ほどかかっています。ところがクレイグ・ヴェンターはわずか4年、100億円で自身のゲノムを解読してしまいました。この時点で期間は3分の1以下に短縮され、費用も10分の1以下になっています。ここまでは、従来のシークエンス法で行われています。

ワトソンは翌2008年、自らのゲノム配列を発表しています。かかった期間はわずか4、5カ月で、大幅に時間短縮されています。また、費用も1億5000万円で済んでいます。

DNAの配列を決定する技術は、進歩が著しく速く、次々と最新型のものが発表されていきます。ワトソンのゲノム解読が短い時間で終了し、しかもコストが下がっているのは、次世代型シークエンサー（Next Generation Sequencer NGS）と呼ばれる装置を使用したためです。

NGSが使われるようになり、ゲノム解読にかかる時間が大幅に短縮されました。

たとえば2012年に発売された機種では、1人分のゲノム（約3ギガバイト）を100回読む作業をわずか10日前後で完了し、それを100万円でできるようになりました。次世代型シークエンサーを使って信頼できる精度の全ゲノム配列を得るには、だいたい30回くらい読めばよいと考えられていますから、その約3倍の回数読む作業を100万円でやることになります。つまり30万円あれば、1人分のゲノムを高精度で解読できるわけです。この機種が出てからすでに5年以上が経過し、1人分のゲノムを解読する費用はさらに安価になっています。

ゲノム解読が安い・早い・正確な時代に突入すると、当然、医療現場などに直接導入されてきます。すでに始まっている遺伝子テストはビジネスとして着目されています。

†文化的要因・環境要因とどう対峙するか

遺伝子上にある変異を持っていても、必ず発症するとは限らない。そういう遺伝性の疾患を多因子疾患と呼びます。これに対し、1つの遺伝子の変異で高い確率で発症するものを単因子疾患（メンデル遺伝病）と言います。

単因子疾患が原因の変異の場合、浸透率は非常に高くなりますが、頻度そのものは非常に低いのです。これは特定の家系に限られています。一方で1つの遺伝子だけでなく、複数の遺伝子が関連する多因子疾患のリスク変異は頻度が高く、しかも世界中の多くの人が持っているという特徴を示します。生活習慣病と呼ばれる疾患のほとんどが多因子疾患です。

多因子疾患には複数の遺伝子が関係すると言いましたが、環境要因も大きく影響していると考えられます。本書では詳細を取り上げませんが、私たちの研究チームでは、疾患に関与する変異が人類史上いつ頃誕生し、どのような進化的メカニズムが働いて現代に残ってきているのかについても研究しています。

これまで見てきたように、ホモ・サピエンスは20万〜10万年前にアフリカで誕生し、10万〜6万年前に地球上のあらゆる地域に拡散しました。アフリカにいた頃、ホモ・サピエンスはそこそこの多様性を持っていました。しかしホモ・サピエンスがアフリカからユーラシア大陸へ拡散した時（前述の出アフリカのことですが）、第4章でお話ししたビン首（ボトルネック）効果があったと考えられています。しかも、かなり強力なビン首効果があり、出アフリカ以前にホモ・サピエンスが持っていた遺伝的多様性の一部のみが世界中に拡散したため、アフリカの外では遺伝的多様性が極端に低くなったというのです。つまりアフリカ大陸の外に出るということがきっかけとなり、ホモ・サピエンスの均質化につながってしまったわけです。

ボトルネックを経験した結果、ホモ・サピエンスのゲノム中には、弱有害変異が蓄積された可能性が指摘されています。弱有害変異とは、読んで字のごとく、弱い有害性を持つ突然変異のことです。そして集団の規模が小さくなったため自然選択の効果より遺伝的浮動の効果が上回る状況が一定期間続いたと考えられます。その結果、集団サイズが大きい時には自然選択が有効に働いて淘汰されてしまう弱有害変異が淘汰されずに集団内に残り、蓄積され、結果的にこれら弱有害変異が多因子疾患のリスク変異になっていると考えられるのです（参考文献6）。

この「出アフリカの際のボトルネック効果の結果として多因子疾患のリスク変異が蓄積した」とする考えは、必ずしも証拠が十分ではないため、研究者の間ではまだ議論が続いていますが、多因子疾患リスク変異は世界中のあらゆる人が少しずつ持っている、広く浅く持っている、ということは事実です。

進化学的には、単因子疾患（メンデル遺伝病）の原因変異はごく最近誕生したものと考えられています。そのため、特定の家系でしか見られません。一方で多因子疾患原因変異は、人類の長い歴史の中で蓄積されてきました。ある環境・条件において、ある変異が不利である場合、糖尿病や肥満のリスクにつながります。遺伝的要因もありますが、環境要因の方が大きいということです。こうした観点から、生活習慣病などと向き合う際には、人類進化の文脈からリスク変異を理解することが重要なのです。

エピローグ――ゲノム時代の人類学

†女性17人に男性1人の地獄?

この本のもとになった「ちくま大学」の講座シリーズを終えてしばらく経ったある日、ある西洋史の研究者からメールをいただきました。最近のネットニュースなどで取り上げられたY染色体の研究について気になっているという内容でした。このネットニュースについては私もチェックしていました。たとえば当時の『WIRED』の日本語の記事では次のような見出しが躍っていました。

〝新石器時代に生殖できた男性は極端に少なかった〟
約8000年前の新石器時代、生殖を行った女性17人に自分のDNAを伝えることができた男性は1人だけだった。これは、新石器革命による男性の社会競争の激化が原因である可能性が高いという研究結果が発表された。(2015年11月10日掲載、https://wired.jp)

これはトーマス・キヴィシルドという研究者のグループが2015年に『ゲノム・リサーチ』(Genome Research) という専門誌に発表した「Y染色体の多様性に見られる最近のボトルネックは文化における世界的変化と対応する」というタイトルの論文を紹介したものです。

新石器革命とはヨーロッパの考古学の用語で、新石器時代に人類が農耕牧畜を始めたことに伴う生活様式や社会システムの劇的な変化を指す言葉です。西アジアの新石器時代は約1万年前に相当しますが、それ以前の狩猟採集から農耕牧畜の生業へと移行し、それがヨーロッパへ伝播したと考えられています。

一般に農耕牧畜の開始は定住化と富の蓄積を伴い、結果として人口増加を起こしたと考えられます。しかし、この『WIRED』の見出しを読むと、社会競争の激化のため男性の人口が減少したように読めます。メールをくれた西洋史の先生も、もしそうだとしたらこれまでの常識から逸脱する一大事だとお考えになったそうで、この論文の信憑性《しんぴょうせい》はいかほどのものか、というおたずねでした。

たしかに、農耕牧畜の開始に伴い社会が複雑化し、苦役や職業上の危険にさらされた結果、子孫を残すことができた男性が女性の17分の1だったとしたら、大変な事態です。農耕牧畜以降の社会や文化を考える上で、これまでの常識を考え直さなければなりません。そのような過酷な状況であったにもかかわらず、狩猟採集社会へ回帰することがなかったのはなぜなのかを改めて問い直さねばなりません。それ以降の考古学、歴史学にとっても大きなパラダイムチェンジとなるでしょう。

しかし、この論文を原文で読めば分かりますが、そのようなことは書かれていません。ここで誤解を受けたのは、「有効集団サイズ」(effective population size) という集団遺伝学の概念です。ふつう有効集団サイズは「生殖に関わる人口」と説明されます。このために生じた誤解でした。

†有効集団サイズとは

有効集団サイズが「生殖に関わる人口」であることは間違いではありませんが、ここでいう「人口」は理論上の人口であって、実際の人口とは隔たりがあります。実際に起こったことは「新石器時代には全体として人口増加が起こった。女性は個人間で残す子孫の数にばらつきがあまりなかったけれど、男性は残す子孫の数の個人差が大きかった」ということでした。

キヴィシルドたちは、世界中の地域集団から集められた456人の男性のY染色体すべての塩基配列の高精度な解読データを得て、これを同じ地域からのミトコンドリアDNAのデータと比較しました。その結果、Y染色体の出アフリカのタイミングは5万～4万年前と見積もら

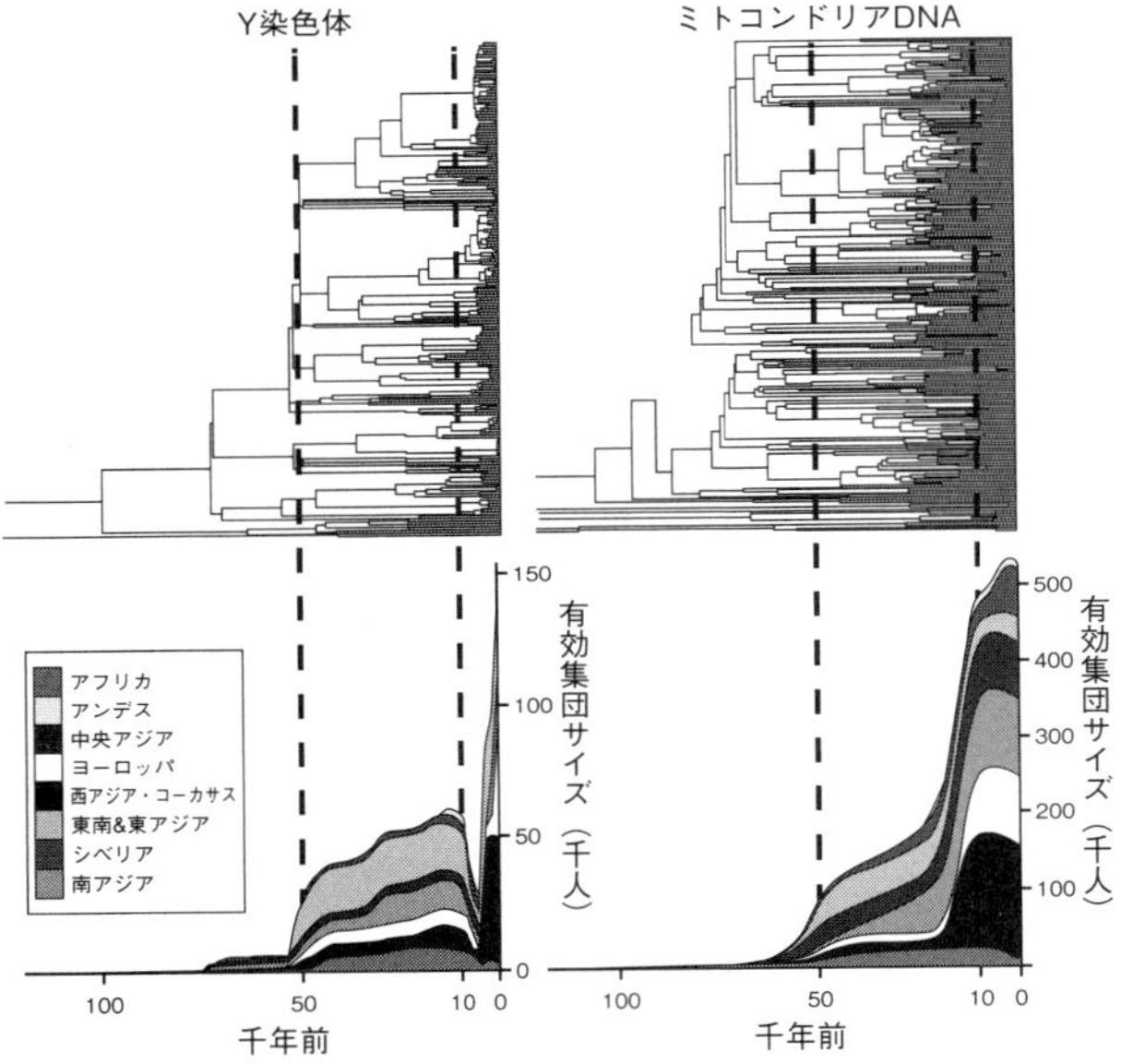

図38：キヴィシルドらによる、世界の地域集団のＹ染色体とミトコンドリアDNAの解読データから推定された人口の変動

れました。さらに、出アフリカの際に受けたボトルネック効果とは別に約1万年前に、ミトコンドリアDNAでは検出されない第2のボトルネックの痕跡がY染色体では検出されました（図38）。

ボトルネック（ビン首）効果とは人口の極端な減少に伴う遺伝的多様性の減少であると第4章で解説しました。逆の言い方をすると、遺伝的多様性が極端に減少した痕跡が確認されることにより、ボトルネックがあったと推定されます。ここでいう「人口の極

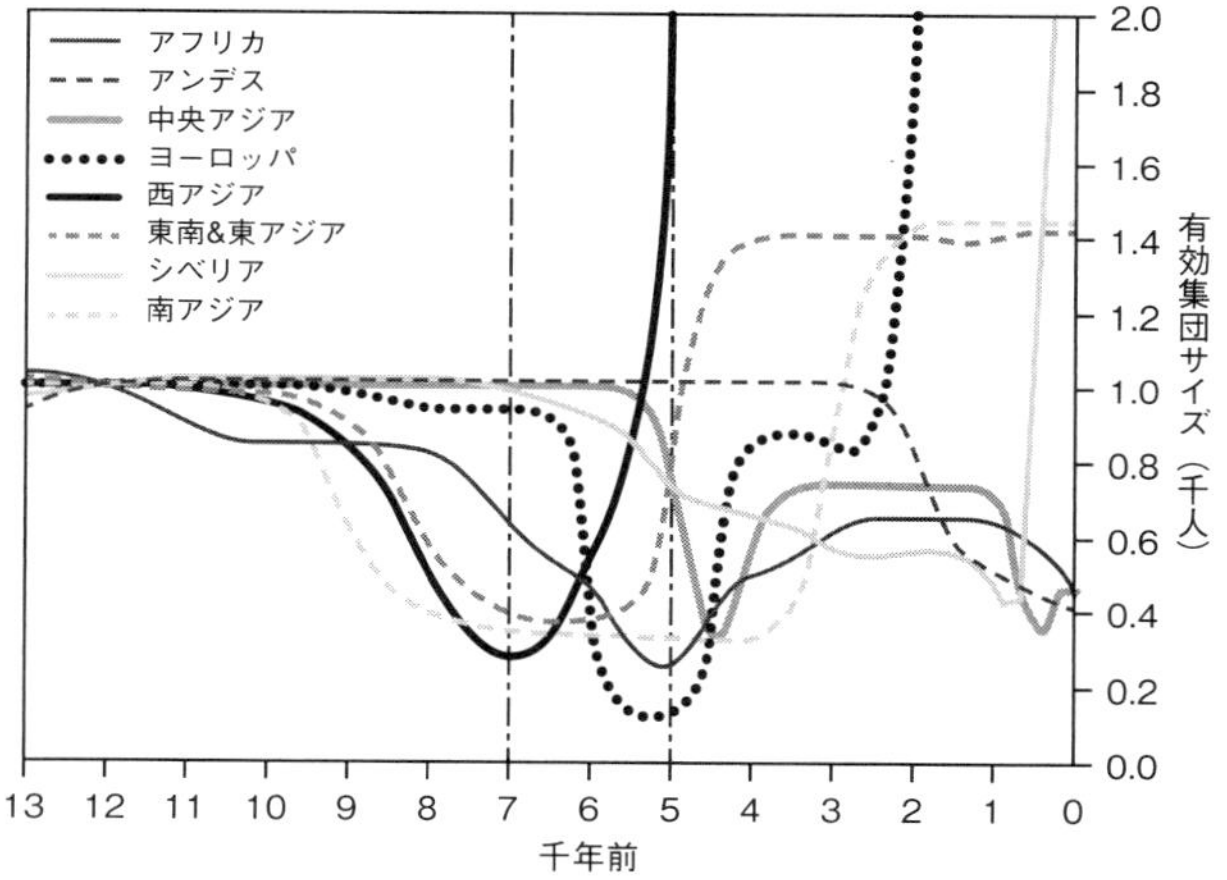

図39：キヴィシルドらによる、男性の系統における有効集団サイズの追跡結果

端な減少」とは、正確には「有効集団サイズの極端な減少」のことで、有効集団サイズの減少とは、ものすごく単純に言えば遺伝的多様性の減少ということです。

つまり、ホモ・サピエンスは約1万年前に、男性の系統だけで観察される遺伝的多様性の減少を経験していた（それは女性の系統では観察されない）というのが、キヴィシルドたちのY染色体およびミトコンドリアDNAの解析で明らかになったことでした。

さらに詳細を調べると、この男性の系統における遺伝的多様性の減少が顕著に見られる地域は、西アジアとヨーロッパでした。もっと詳しく見ていくと、西アジアでは約7000年前にもっともY染色体の有効集団サイズが落ち込みますが、ヨーロッパでは約5000年前にもっとも落ち込むという結果でした（図39）。

第2のボトルネック

集団遺伝学におけるこうした年代の推定値は、多くの仮定の上に成り立っていますから、7000年とか5000年とかいう数字が必ずしも正確というわけではありません。数千年のズレがあってもおかしくない概算です。大雑把に言うと、この年代はそれぞれの地域の新石器時代に相当します。推定年代が必ずしも正確ではないことは事実ですが、重要なことは有効集団サイズが落ち込む順番です。西アジアが先に落ち込み、ヨーロッパがそれに続くという順番は、普通考えられている農耕牧畜の発生と伝播の順番に一致するということです。

第2のボトルネックが西アジアとヨーロッパのY染色体で観察されたことから、第2のボトルネックの起こった時期に、男性の間で子孫を残す成功率の相違に影響を与えるような変化が起こった。上記の「一致」からキヴィシルドたちは、第2のボトルネックは新石器革命のために引き起こされたとの仮説を提唱しました。

その「変化」とは「有効集団サイズの減少」のことですが、Y染色体では観察されて、ミトコンドリアDNAでは観察されない有効集団サイズの減少とは、いったいどんな出来事でしょ

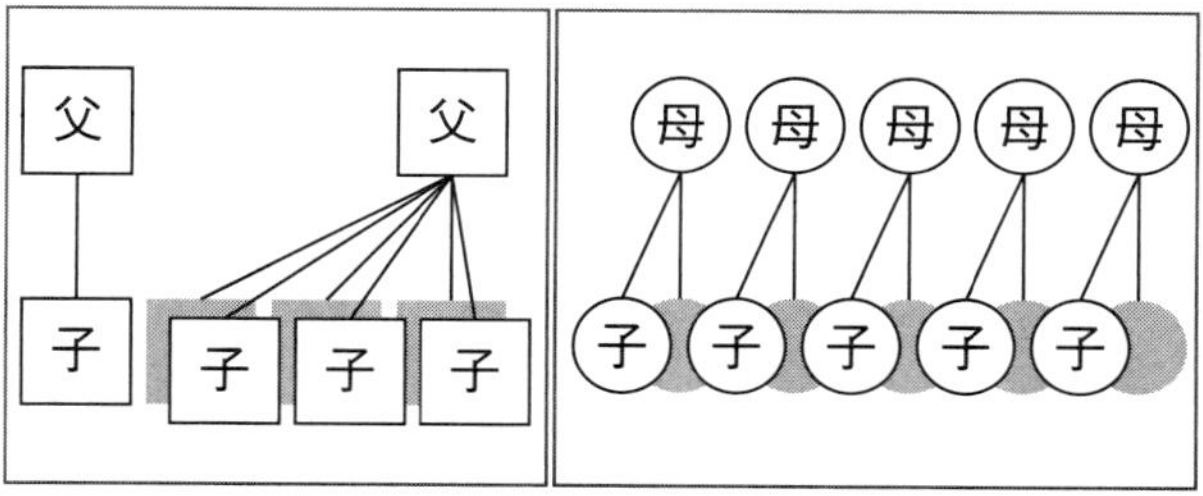

図40：男性の系統と女性の系統で違いが生じた子孫の残り方のモデル

うか？　それは「特定の男性の系統では、より多くの子孫を残すことができたけれど、他の男性の系統では、それより少ない子孫しか残すことができなかった。女性の系統ではそういう偏りはなかった」という状態が起こったということです（図40）。

それをさらに解釈すると、社会的に成功した系統と、そうではない系統が男性には存在した、ということを意味します。新石器時代に農耕牧畜が始まり、富の蓄積に偏りが生じたという考えと合わせると、従来の考えと矛盾しない結果と言えます。

つまり前章でお話ししたチンギス・ハンの系統と推定されるY染色体が、チンギス・ハンの一族が社会的に成功したことによって子孫をたくさん残しモンゴル帝国が支配した地域全体に広がった（と推測された）のと同じことが、もっと古い時代の西アジアとヨーロッパで起こったことをキヴィシルドたちが突き止めたということです。

†「1000人ゲノム計画」と「ゲノム・アジア100K」

第6章の最後に少しだけ紹介したように、次世代シークエンサーによるゲノム解読の高速化と価格の低下は、かつて数十年かけて完了したヒトゲノム計画とは比べものにならない速さと数のゲノム解読を実現しています。

2010年にスタートした「1000人ゲノム計画」では、ヨーロッパを中心とした世界中の1000人のゲノム解読を達成することを目標とし、2015年その完了時には1000人どころか2500人以上のゲノムが解読されました。

これに対抗するように「ゲノム・アジア100K」が組織され、国際共同研究を基礎に東アジアを中心とする10万人のゲノム解読が現在進行形で進められています。私もメンバーの一人であるアジア人DNAレポジトリーコンソーシアム(ADRC)は、尾本恵市、宝来聰、石田貴文といった、本書でも紹介した遺伝人類学者がかつてアジア各地で集めた希少な人類集団のDNA試料の有効利用を目的として発足しました。

コレクションは同コンソーシアムのメンバーである東京大学・教授の河村正二と総合研究大学院大学・准教授の田辺秀之によって保管されており、その一部は、やはり同メンバーである金沢大学・教授の田嶋敦、国立遺伝学研究所の斎藤成也を通じてゲノム・アジア100Kに提供され、ゲノム解読がなされています。その解析が進めば、アジア全体の人類集団の多様性を理解するのに極めて貴重な情報となるでしょう。

ゲノム・アジア100Kの計画が進行し、Y染色体のデータも蓄積されてきたら、キヴィシルドたちと同様の解析をしてみたらよいでしょう。もし1000年前頃に有効集団サイズの顕著な減少が観察されたら、それはクリステーラースミスらが見つけたチンギス・ハンの一族の繁栄の証かもしれません。

†そのY染色体は本当にチンギス・ハンのものなのか?

でも、仮に東アジアで「第3のボトルネック」の痕跡が見つかったとしても、西アジアとヨーロッパで見つかった第2のボトルネックとは、少し状況が異なります。西アジアとヨーロッパの場合、新石器革命と結びつけられて解釈される社会の変化、生業形態や文化の変化の結果であり、特定の家系が生殖的に成功したという話ではありません。東アジアではそれがもっと個別の特定の人物にフォーカスされた話です。

はたして、そのY染色体はチンギス・ハンのものだったのでしょうか? それを証明するには、まずチンギス・ハンのお墓を見つけ、チンギス・ハンの遺骨を発見しなくてはなりません。もし、チンギス・ハンのものだと確証の持てる遺骨が見つかったら、この遺骨の一部からDNAを抽出し、ゲノム配列決定を行います。チンギス・ハンの遺骨から得られたDNAからY染色体のタイプを明らかにできれば、ユーラシア大陸の東半分に広まった偉大なY染色体が、本当にチンギス・ハンのものかそうではないかを明らかにすることができます。

でも、それはやらない方がよいのかもしれません。現代でもチンギス・ハンはモンゴル民族にとって英雄です。ゲノム情報は個人情報です。チンギス・ハンのものという証拠が得られている骨が仮に発見されたとしても、それは匿名化されない個人情報を含むことになります。たとえ過去の英雄でも個人情報を白日の下に置くことの是非は十分に議論される必要があるでしょう。

†ゲノム時代の人類学

重要なことは、そのY染色体がチンギス・ハンのものであるかどうかではなく、社会的あるいは文化的要素がゲノムの多様性に影響を及ぼすということを認識することです。生物学的な有利性がゲノムに選択的一掃の痕跡を残すのと同じように、社会選択の結果、同じような痕跡がゲノムに残ることが示されてきたわけです。

本書ではY染色体やミトコンドリアDNAの話を中心にお話ししてきましたが、Y染色体がボトルネック効果を受けるということは、常染色体も多様性を減少させているはずです。ハプロイド（一倍体）であるミトコンドリアＤＮＡに対してディプロイド（二倍体）である常染色体は、有効集団サイズが４倍なので、ハプロイドで有効集団サイズの減少を経験したとしても、常染色体ではあまり極端なボトルネックの痕跡は観察されないかもしれません。しかし、婚姻システムや極端な生殖的成功者の存在は、常染色体の多様性にも影響を与える可能性はあります。

人類が辿ってきた文化的・社会的状況もゲノムの中に痕跡が刻まれているわけです。かつて全ゲノム解読は高価で時間のかかるものでしたが、現在はどんどん安価になり、費やす時間も短縮されています。したがって、今後、ゲノム情報の蓄積はさらに加速するでしょう。

ゲノム情報の蓄積は、医学・創薬の分野だけでなく、人類集団の文化史や社会史にも、新たな光を当てることになると期待されます。人類学は進化の産物としてヒトを理解する学問ですが、ヒトは言葉を持ち、複雑な社会を構成し、自分たちの作った文化や社会を「自然」とする生物ですから、文化や社会との関わりを無視したデータの解釈というのはあり得ません。ゲノム情報が医学・創薬を含め、真に人類の健康と福祉に役立つためにも、これからの時代、人類学はよりいっそうの努力を求められるだろうと思われます。

あとがき

本書は2015年11月から2016年2月にかけて、東京の蔵前にある筑摩書房本社ビルの一室で開催された『ちくま大学』の講座「ヒト遺伝子の謎に迫る――チンギス・ハンの秘密」でお話しした内容から、5回分の講座を6章に分けて構成し、書籍化したものです。

この講座を聴講して下さったのは、たとえばお仕事帰りの方や、会社を引退された世代の方などでした。大学で講義をする場合もそうですが、できるだけ分かりやすく、かつ、退屈せずに聴いてもらえるように努める必要があります。そのためもあって、講座のテープ起こし原稿を受け取って読んでみると、話が脱線して横道にそれたり、同じ内容が言葉を換えて繰り返されたりしていて、本として出版する文章としてはガタガタで、直すのに随分時間がかかってしまいました。それでもあまり体系化されておらず分散的です。トークのライブ感が反映されていますが、教科書ではないですから、かえって読者に気楽に眺めてもらえる本になっていたら幸いです。

本書で紹介した私自身が関わった研究は、私がトレイニーと呼ばれる時代、つまり大学院生あるいはポスドク（博士取得後の数年契約の研究員）をしていた頃のものがメインです。トレイニーの頃というのは、当然、指導者がいるわけで、指導者の下で研究を進めます。研究のアイディアの多くが、大学院の先生だったり、ポスドク先のボス（教授）からのものだったりします。本書には、そうした内外の指導者の先生たちが登場します。ですから本来は、それらの先生たちから許可をもらって書籍にするのが筋ですが、今回はそれをしていません。

講座を聴講して下さった皆さんの前では、敬意を込めて、あるいは、親しみを込めて、日本の先生の場合「○○先生」と敬称し、欧米の先生たちの場合は普段呼んでいる通りファーストネームで呼んでお話ししていましたが、テープ起こし原稿から改訂を重ねる過程で、全ての敬称を省略しました。本書にご登場いただいた先生方には、度重なる無礼をお許し願いたいと思います。

私がトレイニーだった時期というのは、1990年代から2005年くらいです。ですから、この本の内容は必ずしも「科学の最前線」ではありません。本書では、国内外の激しい競争の中にある研究で明らかになった最新の知識を紹介するというよりは、過去の実際の研究を題材に「遺伝学のデータからヒトの進化を明らかにする」その〝考え方〟を紹介することを目的としました。

ヒトに関する研究（自然人類学）の情報もDNAの知識（分子生物学）も全くない、という架空の読者を相手として想像しながら、ゼロからの解説を心がけました。

第5、6章にある「男女で異なる移動パターン」というテーマは、自然人類学のメインストリームではありません。でも、DNAから進化を理解するため必要となる理論やデータ分析法、その解釈の仕方などのエッセンスを豊富に含んでいますから、本書ではこのテーマをメインに選びました。日本ではこのテーマが一般に紹介されたことがほとんどないというのも本書で紹介するモチベーションの一つになりました。

本書のサブタイトルには、第6章で紹介したイギリスの研究グループによる「モンゴル人の遺伝的遺産」（2003年）という論文をもとにして「チンギス・ハンのDNAは何を語るか」と付けました。本文中では深く触れませんでしたが、この論文は実質的に2002年に私たちが発表した論文の内容を否定するものでした。さらに、エピローグで紹介したエストニアの研究グループによる2015年の論文は、イギリスのグループの論文を実質的に否定する内容でした。それでも、「男女で異なる移動パターン」というテーマを語る上で面白い題材だったので取り上げました。

「モンゴル人の遺伝的遺産」で著者たちは「社会選択」という概念を示しています。従来の「自然選択」に対し、生物学的に有利だから特定の系統が反映するのではなく、特定の系統が社会的にパワーを得たことにより、あたかも自然選択を受けたときに見られるような遺伝子頻度のパターンを示すことが議論されています。そのY染色体が本当にチンギス・ハンのものであったかどうかは別として、そうした社会的あるいは文化的な事象がドライブフォースになってゲノムの集団構造に変化を与える可能性があり、それ自体がヒト特有の現象として興味深いと私は考えています。生物学的存在としてのヒトと社会的および文化的存在としての人間は、分けることができない関係であることは、ゲノム情報がＡＩで解析され始めた今だからこそ、あらためて認識されるべきではないかと思うからです。

このあとがきを書いている最中、「ＤＮＡからみる集団と個――沖縄、日本、アジアを例として」というサイエンスカフェが、那覇のジュンク堂書店で開催されました。講師は木村亮介（琉球大学医学系研究科・准教授）と徳永勝士（東京大学医学系研究科・教授）、司会進行は竹沢泰子（京都大学人文科学研究所・教授）。私はコメンテータとして参加しました。

科学者が市民と語り合うサイエンスカフェは、イギリスやフランスで始まったと聞いています。現在は日本国内でも各地で行われていますが、理系と文系の研究者が一緒になって集うサイエンスカフェは珍しいかもしれません。当日は、30名ほどが会場を埋め、盛んな議論が交わされました。

そんな中、参加した市民の一人が「沖縄と本土（日本）との違いばかりが強調される。科学者のみなさんは、どうして違いばかりについて話すのですか？」と発言されました。こうした指摘は常に寄せられるもので、特に人類学者はいつも突きつけられているものです。人類学に限らず生物学は差異を論じる学問なので、研究者にとって〝発見〟とは、常に「何かと何かの違い」です。したがって、結論だけを提示されると、多くの人は「違いばかりを強調される」と感じるのだろうと思います。

しかし、本書の前半でもお話ししましたが、ヒトとチンパンジーのゲノムの違いは約1・2パーセントです。ヒトとヒトのゲノムの違いは平均して0・2パーセント以下です。そのわずかな違いにフォーカスしてデータ解析が行われていることは忘れないでいただけたらと思います。

本書でも解説したDNAデータに基づく系統樹は、現在ではゲノム網羅的データに対応してアルゴリズムが工夫され、そうしたビッグデータに基づく系統樹も作成されています。たとえば、琉球諸島の島々に住む人々のゲノム情報にしたがって系統樹を作成すると、沖縄本島と先島諸島では違いが示されます。でも、このデータセットに本土日本人を加えると、琉球諸島は1つのクラスターを形成します。さらに、アジア諸地域の人類集団のデータをこれに加えると、本土日本と琉球諸島は1つのクラスターを形成し、他のアジア人類集団と違いを示します。さらに、このデータセットにヨーロッパ諸地域の人類集団のデータを加えると、東アジア全体で

1つのクラスターを形成します。

こうした集団を扱う解析で議論している「差異」とはそうしたものです。外群があって初めて内群が形成されます。外群に対して内群は「違いが少ないものの集まり」ですが、そこから外群を取り除くと内群だったものたちがバラバラになり「違いのあるものたち」として現れてきます。

何を外群とするかを決めているのは、私たち人間です。私たちは特定の社会や文化に属しているので、私たちの主観は、社会的・文化的な制約を受けています。したがって、理系の研究者だからといって100パーセント客観的な議論ができているわけではありません。ヒトの集団を理解するとき、理系と文系がともに議論をすることが必要なのは、主にこのためだと私は考えています。

＊　＊　＊

本書を執筆するに際し、本文の中に登場する多くの研究者のアイディアを拝借していることは言うまでもありません。私が自分より若い世代を指導する立場になってからの研究については、本書ではほとんど触れていません。現在進行形の研究の中で本書に関係する知識を共有してくださったにもかかわらず、特に本文中に登場しなかった方々をここに列挙します。

伊藤道彦（北里大学）、間野修平（統計数理研究所）、野林厚志（国立民族学博物館）、坂上和弘（国立科学博物館）、勝村啓史（岡山大学）、覺張隆史（金沢大学）、ライアン・シュミット（ダブリン大学）、佐藤丈寛（金沢大学）、松前ひろみ（東海大学）、若林賢（北里大学）、浦野聡（立教大学）、ワンナッパ・イシダ・セテムタイ（コンケン大学）、柴田弘紀（九州大学）、中込滋樹（トリニティー大学）、ジュディー・キッド（イエール大学）、平本万里子（北里大学）、小川元之（北里大学）［順不同・敬称略］

最後に本書の企画を立ち上げて下さった筑摩書房・編集部の松田健さんと筆の遅い私に辛抱強く付き合って下さった同・伊藤笑子さんに感謝したいと思います。

太田博樹

２０１８年３月10日

参考文献

ここでは日本語で読める文献やホームページのみを取り上げています。さらに詳しい専門書や専門誌に載った科学論文については、それぞれの文献にあたっていただければ幸いです。

1．伊藤道彦、高橋明義（共編）『成長・成熟・性決定――継』ホルモンから見た生命現象と進化シリーズⅢ（裳華房、2016年）
2．石川栄吉、大林太良、佐々木高明、梅棹忠夫、蒲生正男、祖父江孝男（編）『文化人類学事典』（弘文堂、1994年）
3．今村薫（著）『砂漠に生きる女たち――カラハリ狩猟採集民の日常と儀礼』名古屋学院大学総合研究所研究叢書24（どうぶつ社、2010年）
4．Bernard Wood（著）、馬場悠男（翻訳）『人類の進化――拡散と絶滅の歴史を探る』サイエンス・パレット（丸善出版、2014年）
5．太田博樹（著）『アルコール代謝に関連する遺伝子の多様性の〝起源〟』生物の科学 遺伝 特集【ゲノム人類学入門】「出アフリカ」以後の人類拡散と疾患リスク遺伝子――もう一つの進化医学（エヌ・ティー・エス、2013年）
6．太田博樹、長谷川眞理子（共編）『ヒトは病気とともに進化した』シリーズ認知と文化（勁草書房、2013年）

7. 尾本恵市（著）『ヒトと文明――狩猟採集民から現代を見る』（ちくま新書、2016年）
8. 海部陽介（著）『人類がたどってきた道――〝文化の多様化〟の起源を探る』（NHKブックス、2005年）
9. 片山一道（著）『骨が語る日本人の歴史』（ちくま新書、2015年）
10. 木村資生（著）『生物進化を考える』（岩波書店、1988年）
11. 京都大学大学院生命科学研究科生命文化学研究室（制作）ヒトゲノムマップ http://www.lif.kyoto-u.ac.jp/genomemap/
12. 京都大学霊長類研究所（著）『新しい霊長類学―人を深く知るための100問100答』（講談社ブルーバックス、2009年）
13. 斎藤成也（著）『DNAから見た日本人』（ちくま新書、2005年）
14. 斎藤成也（著）『ゲノム進化学入門』（共立出版、2007年）
15. 斎藤成也（著）『自然淘汰論から中立進化論へ――進化学のパラダイム転換』（エヌティティ出版、2009年）
16. 斎藤成也（編）『絵でわかる人類の進化』（講談社、2009年）
17. 斎藤成也（著）『ダーウィン入門――現代進化学への展望』（ちくま新書、2011年）
18. 斎藤成也（著）『日本列島人の歴史』〈知の航海〉シリーズ（岩波ジュニア新書、2015年）
19. 斎藤成也（監修）『DNAでわかった日本人のルーツ』別冊宝島2403（宝島社、2016年）
20. 榊佳之（著）『ゲノムサイエンス――ゲノム解読から生命システムの解明へ』（講談社ブルーバックス、2007年）
21. 篠田謙一（著）『日本人になった祖先たち――DNAから解明するその多元的構造』（NHKブックス、2007年）

22. 篠田謙一（著）『DNAで語る日本人起源論』（岩波書店、2015年）
23. 清水信義（著）『ゲノムを極める』（講談社、2004年）
24. 颯田葉子（著）『肥満は進化の産物か？――遺伝子進化が病気を生み出すメカニズム』（化学同人、2011年）
25. チャールズ・ダーウィン（著）、八杉龍一（訳）『種の起原』（岩波文庫、1990年）
26. ケヴィン・デイヴィーズ（著）、篠田謙一（監修）、武井摩利（翻訳）『1000ドルゲノム――10万円でわかる自分の設計図』（創元社、2014年）
27. 中薗英助（著）『北京原人追跡』（新潮社、2002年）
28. 仲野徹（著）『エピジェネティクス――新しい生命像をえがく』（岩波新書、2014年）
29. 日本遺伝学会（監修、編集）『遺伝単――遺伝学用語集 対訳付き』（エヌ・ティー・エス、2017年）
30. 日本人類学会教育普及委員会（監修）、中山一大、市石博（編）『つい誰かに教えたくなる人類学63の大疑問』（講談社、2015年）
31. 根井正利（著）、五條堀孝、斎藤成也（共訳）『分子進化遺伝学』（培風館、1990年）
32. 長谷川眞理子（著）『ダーウィンの足跡を訪ねて』（集英社新書、2006年）
33. 埴原和郎（著）『骨を読む――ある人類学者の体験』（中公新書、1965年）
34. 埴原和郎（編）『日本人と日本文化の形成』（朝倉書店、1993年）
35. 古市剛史（著）『あなたはボノボ、それともチンパンジー？』（朝日新聞出版、2013年）
36. ロバート・ボイド、ジョーン・B・シルク（著）、松本晶子、小田亮（監訳）『ヒトはどのように進化してきたか』（ミネルヴァ書房、2011年）
37. キャリー・マリス（著）、福岡伸一（翻訳）『マリス博士の奇想天外な人生』（早川書房、2004年）

38. 山田康弘（著）『つくられた縄文時代――日本文化の原像を探る』（新潮選書、２０１５年）
39. 山本文一郎（著）『ＡＢＯ血液型がわかる科学』（岩波ジュニア新書、２０１５年）
40. ロジャー・ルイン（著）、斎藤成也（監訳）『ＤＮＡから見た生物進化』別冊日経サイエンス１２２（日経サイエンス社、１９９８年）

図版出典

これらの出典から改変して掲載しています。

図８：Wood B. Hominid revelations from Chad. *Nature*. 2002 Jul 11: 418(6894): 133–5.
図10：Cann RL, Stoneking M, Wilson AC. Mitochondrial DNA and human evolution. *Nature*. 1987 Jan 1–7; 325(6099): 31–6.
図19：Reich D, Green RE, Kircher M, Krause J, Patterson N, Durand EY, Viola B, Briggs AW, Stenzel U, Johnson PL, Maricic T, Good JM, Marques-Bonet T, Alkan C, Fu Q, Mallick S, Li H, Meyer M, Eichler EE, Stoneking M, Richards M, Talamo S, Shunkov MV, Derevianko AP, Hublin JJ, Kelso J, Slatkin M, Pääbo S. Genetic history of an archaic hominin group from Denisova Cave in Siberia. *Nature*. 2010 Dec 23; 468(7327): 1053–60. doi: 10.1038/nature09710.
図20：Seielstad MT, Minch E, Cavalli-Sforza LL. Genetic evidence for a higher female migration rate in humans. *Nature Genetic*. 1998 Nov; 20(3): 278–80.
図21・23：『DNAから見た生物進化』p53、ロジャー・ルイン（著）、斎藤成也（監訳）（別冊 日経サイエンス、1998年）
図30a・30b：Oota H, Settheetham-Ishida W, Tiwawech D, Ishida T, Stoneking M. Human mtDNA and Y-chromosome variation is correlated with matrilocal versus patrilocal residence. *Nature Genetic*. 2001 Sep; 29(1): 20–1.
図31a・31b：Oota H, Kitano T, Jin F, Yuasa I, Wang L, Ueda S, Saitou N, Stoneking M. Extreme mtDNA homogeneity in continental Asian populations. *American Journal of Physical Anthropology*. 2002 Jun; 118(2): 146–53.
図33：『現代日本人の成立』埴原和郎（著）、『特集 人類学 現代人はどこからきたか』p156、馬場悠男（編）（別冊 日経サイエンス、1993年）
図34：Oota H, Saitou N, Matsushita T, Ueda S. A genetic study of 2,000-year-old human remains from Japan using mitochondrial DNA sequences. *Am J Phys Anthropol*. 1995 Oct; 98(2): 133–45.
図35：Wang L, Oota H, Saitou N, Jin F, Matsushita T, Ueda S. Genetic structure of a 2,500-year-old human population in China and its spatiotemporal changes. *Molecular Biology and Evolution*. 2000 Sep; 17

(9): 1396-400.
図36：Zerjal T, Xue Y, Bertorelle G, Wells RS, Bao W, Zhu S, Qamar R, Ayub Q, Mohyuddin A, Fu S, Li P, Yuldasheva N, Ruzibakiev R, Xu J, Shu Q, Du R, Yang H, Hurles ME, Robinson E, Gerelsaikhan T, Dashnyam B, Mehdi SQ, Tyler-Smith C., The genetic legacy of the Mongols. *American Journal of Human Genetics*. 2003 Mar; 72(3): 717-21. Epub 2003 Jan 17.
図38、39：Karmin M, Saag L, Vicente M, Wilson Sayres MA, Järve M, Talas UG, Rootsi S, Ilumäe AM, Mägi R, Mitt M, Pagani L, Puurand T, Faltyskova Z3, Clemente F, Cardona A, Metspalu E, Sahakyan H, Yunusbayev B, Hudjashov G, DeGiorgio M, Loogväli EL, Eichstaedt C, Eelmets M, Chaubey G, Tambets K, Litvinov S, Mormina M, Xue Y, Ayub Q, Zoraqi G, Korneliussen TS, Akhatova F, Lachance J, Tishkoff S, Momynaliev K, Ricaut FX, Kusuma P, Razafindrazaka H, Pierron D, Cox MP, Sultana GN, Willerslev R, Muller C, Westaway M, Lambert D, Skaro V, Kovačevic L, Turdikulova S, Dalimova D, Khusainova R, Trofimova N, Akhmetova V, Khidiyatova I, Lichman DV, Isakova J, Pocheshkhova E, Sabitov Z, Barashkov NA, Nymadawa P, Mihailov E, Seng JW, Evseeva I, Migliano AB, Abdullah S, Andriadze G, Primorac D, Atramentova L, Utevska O, Yepiskoposyan L, Marjanovic D, Kushniarevich A, Behar DM, Gilissen C, Vissers L, Veltman JA, Balanovska E, Derenko M, Malyarchuk B, Metspalu A, Fedorova S, Eriksson A, Manica A, Mendez FL, Karafet TM, Veeramah KR, Bradman N, Hammer MF, Osipova LP, Balanovsky O, Khusnutdinova EK, Johnsen K, Remm M, Thomas MG, Tyler-Smith C, Underhill PA, Willerslev E, Nielsen R, Metspalu M, Villems R, Kivisild T., A recent bottleneck of Y chromosome diversity coincides with a global change in culture. *Genome Research*. 2015 Apr; 25(4): 459-66. doi: 10.1101/gr.186684.114. Epub 2015 Mar 13.

図版作成／朝日メディアインターナショナル株式会社

ちくま新書
1328

遺伝人類学入門《いでんじんるいがくにゅうもん》
——チンギス・ハンのDNAは何《なに》を語《かた》るか

二〇一八年五月一〇日　第一刷発行

著　者　太田博樹（おおた・ひろき）
発行者　山野浩一
発行所　株式会社　筑摩書房
東京都台東区蔵前二-五-三　郵便番号一一一-八七五五
振替〇〇一六〇-八-四一二三
装幀者　間村俊一
印刷・製本　三松堂印刷　株式会社

乱丁・落丁本の場合は、左記宛にご送付ください。送料小社負担でお取り替えいたします。
ご注文・お問い合わせも左記へお願いいたします。
〒三三一-八五〇七　さいたま市北区櫛引町二-六〇四
筑摩書房サービスセンター　電話〇四八-六五一-〇〇五三

ISBN978-4-480-07138-5 C0245

879
ヒトの進化　七〇〇万年史
河合信和
画期的な化石の発見が相次ぎ、人類史はいま大幅な書き換えを迫られている。つい一万数千年前まで生きていた謎の小型人類など、最新の発掘成果と学説を解説する。

1217
図説 科学史入門
橋本毅彦
天体、地質から生物、粒子へ。新たな発見、分類、一般に認知されるまで様々な人間模様を経て、科学は発展したのである。それらを美しい図像に基づいて一望する。

1315
大人の恐竜図鑑
北村雄一
陸海空を制覇した恐竜の最新研究の成果と雄姿を再現。日本で発見された化石、ブロントサウルスの名前が消えた理由、ティラノサウルスはどれほど強かったか……。

1263
奇妙で美しい 石の世界〈カラー新書〉
山田英春
瑪瑙を中心とした模様の美しい石のカラー写真とともに、石に魅了された人たちの数奇な人生や、歴史上の逸話、旅先の思い出など、国内外の様々な石の物語を語る。

1231
科学報道の真相
――ジャーナリズムとマスメディア共同体
瀬川至朗
なぜ科学ジャーナリズムで失敗が起こり、読者の不信感を引き起こすのか？　原発事故・ＳＴＡＰ細胞・地球温暖化など歴史的事例から、問題発生の構造を徹底検証。

1314
世界がわかる地理学入門
――気候・地形・動植物と人間生活
水野一晴
気候、地形、動植物、人間生活……気候区分ごとに世界各地の自然や人々の暮らしを解説。世界を旅する地理学者による、写真や楽しいエピソードも満載の一冊！

1203
宇宙からみた生命史
小林憲正
生命誕生の謎を解き明かす鍵は「宇宙」にある。惑星探索や宇宙観測によって判明した新事実と、従来の化学進化的プロセスをあわせ論じて描く最先端の生命史。

ちくま新書

1003 京大人気講義　生き抜くための地震学　鎌田浩毅

大災害は待ってくれない。地震と火山噴火のメカニズムを学び、災害予測と減災のスキルを吸収すべき時は、まさに今だ。知的興奮に満ちた地球科学の教室が始まる！

986 科学の限界　池内了

原発事故、地震予知の失敗は科学の限界を露呈した。科学に何が可能で、何をすべきなのか。科学者の倫理を問い直し「人間を大切にする科学」への回帰を提唱する。

958 ヒトは一二〇歳まで生きられる——寿命の分子生物学　杉本正信

ストレスや放射能、病原体に打ち勝ち長生きする力は誰にでも備わっている。長寿遺伝子や寿命を支える免疫・修復・再生のメカニズムを解明。長生きの秘訣を探る。

954 生物から生命へ——共進化で読みとく　有田隆也

「生物」＝「生命」なのではない。共進化という考え方、人工生命というアプローチを駆使して、環境とのかかわりから文化の意味までを解き明かす、一味違う生命論。

942 人間とはどういう生物か——心・脳・意識のふしぎを解く　石川幹人

人間とは何だろうか。古くから問われてきたこの問いに、認知科学、情報科学、生命論、進化論、量子力学などを横断しながらアプローチを試みる知的冒険の書。

1251 身近な自然の観察図鑑　盛口満

道ばたのタンポポ、公園のテントウムシ、台所の果物……身の回りの「自然」は発見の宝庫！　わかりやすい文章と精細なイラストで、散歩が楽しくなる一冊！

1186 やりなおし高校化学　齋藤勝裕

興味はあるけど、化学は苦手。そんな人は注目！　原子の構造、周期表、溶解度、酸化・還元など必須項目をやさしく総復習し、背景まで理解できる「再」入門書。

ちくま新書

1227
ヒトと文明
――狩猟採集民から現代を見る
尾本恵市
人類はいかに進化を遂げ、文明を築き上げてきたか。遺伝人類学の大家が、人類の歩みや日本人の起源を多角的に検証。狩猟採集民の視点から現代の問題を照射する。

1291
日本の人類学
山極寿一
尾本恵市
人類はどこから来たのか？　ヒトはなぜユニークなのか？　東大の分子人類学と京大の霊長類学を代表する二大巨頭が、日本の人類学の歩みと未来を語り尽くす。

1126
骨が語る日本人の歴史
片山一道
縄文人は南方起源ではなく、じつは「弥生人顔」も存在しなかった。骨考古学の最新成果に基づき、歴史学の通説を科学的に検証。日本人の真実の姿を明らかにする。

970
遺伝子の不都合な真実
――すべての能力は遺伝である
安藤寿康
勉強ができるのは生まれつきなのか？　IQ・人格・お金を稼ぐ力まで、「能力」の正体を徹底分析。行動遺伝学の最前線から、遺伝の隠された真実を明かす。

1018
ヒトの心はどう進化したのか
――狩猟採集生活が生んだもの
鈴木光太郎
ヒトはいかにしてヒトになったのか？　道具・言語の使用、文化・社会の形成のきっかけは狩猟採集時代にあった。人間の本質を知るための進化をめぐる冒険の書。

1169
アイヌと縄文
――もうひとつの日本の歴史
瀬川拓郎
北海道で縄文の習俗を守り通したアイヌ。その文化から日本列島人の原郷の思想を明らかにし、日本人にとって、ありえたかもしれないもうひとつの歴史を再構成する。

1297
脳の誕生
――発生・発達・進化の謎を解く
大隅典子
思考や運動を司る脳は、一個の細胞を出発点としてどのように出来上がったのか。30週、20年、10億年の各視点から、その小宇宙が形作られる壮大なメカニズムを追う！